姚怡 著

人民邮电出版社
北京

图书在版编目（CIP）数据

早食光 ： 365天不重样的健康早餐全书 / 姚怡著
. -- 北京 ： 人民邮电出版社, 2024.8
ISBN 978-7-115-64388-9

Ⅰ. ①早… Ⅱ. ①姚… Ⅲ. ①食谱－中国 Ⅳ.
①TS972.182

中国国家版本馆CIP数据核字(2024)第093295号

内 容 提 要

晨间烟火气，最抚平凡心。

本书将带领读者用普通的食材做出千变万化、创意无限的早餐——从健康早餐的万能公式，到常用餐厨具和美食拍摄技巧的分享，再到囊括主食、蛋、沙拉、饮品四个类别的上百种早餐食谱，内容丰富全面，适合每一位热爱生活的人阅读。

希望本书能为大家带来一段温暖治愈的早餐时光。

◆ 著　　　姚　怡
责任编辑　宋　倩
责任印制　周昇亮
◆ 人民邮电出版社出版发行　　北京市丰台区成寿寺路 11 号
邮编　100164　　电子邮件　315@ptpress.com.cn
网址　https://www.ptpress.com.cn
北京九天鸿程印刷有限责任公司印刷
◆ 开本：690×970　1/16
印张：15　　　　2024 年 8 月第 1 版
字数：384 千字　　　　2024 年11月北京第 2 次印刷

定价：79.80 元

读者服务热线：(010)81055296　印装质量热线：(010)81055316
反盗版热线：(010)81055315
广告经营许可证：京东市监广登字 20170147 号

所谓幸福

并不依托于那些惊天动地的喜悦和成就

或是海市蜃楼般的诗与远方

认真对待当下的每一刻

一箪食，一瓢饮

皆是人间好滋味

Good

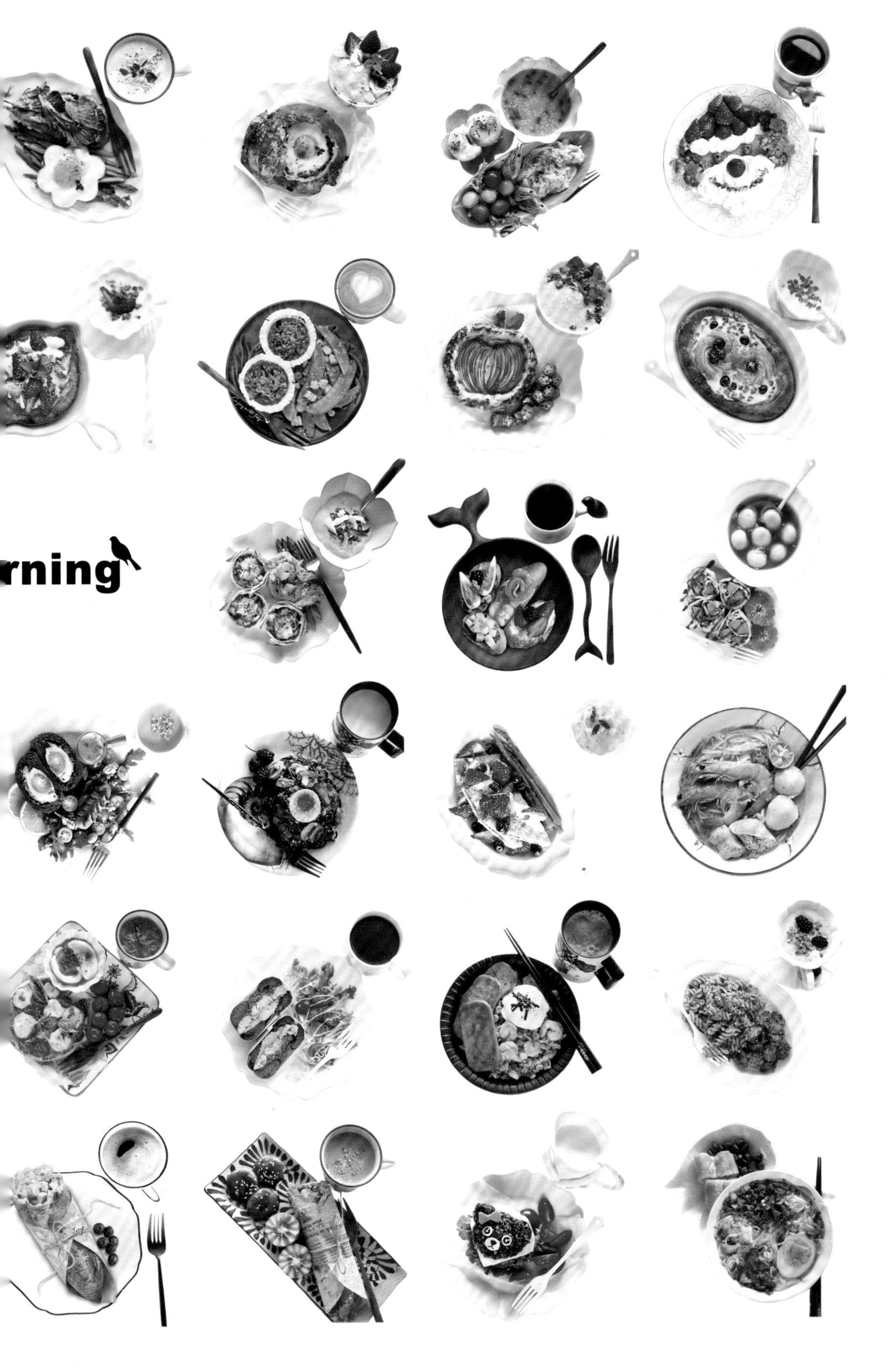
rning

推荐

初识姚怡时便被她拍的美丽的食物照片所吸引，惊叹怎会有人又会吃、又会做、又会拍，还样样都做得这么好？看到她终于将多年的积累汇聚成册，真的很替她开心，也替未来的读者们开心，可以看到这么精致的作品集。

对于那些热爱美食、追求生活仪式感和欣赏生活美学的人来说，这本书无疑是一个宝藏。欣赏美，能将人带入一种非常优质的精神状态。细细品味书中的每一处细节，都能让你从中汲取能量，增强对美好事物的感知。

作为一个营养师，更让我欣喜的是，这本书里所呈现的内容不仅仅是形式上的美丽，更在于姚怡对健康饮食的精准理解和用心搭配。将繁杂的营养学知识转化为具体、生动的菜谱，让枯燥的理论知识变得有趣、易于实践，这本书能帮助我们将健康饮食转化成为日常生活的一部分。

所以，我认为可以从三个层面来阅读这本书。

首先是美学欣赏。
单从美学角度来看，这本书就称得上一场视觉盛宴。你可以感受到自然食材所呈现的餐桌艺术，欣赏它们从原料到美味佳肴的转变过程。每一页都让人在视觉上感到愉悦，让人不禁想亲自动手，重现这些美丽的画面。

其次是营养搭配。
姚怡的营养搭配部分撰写得很精准，可以看出她平时学习营养知识还是走心了的。我在2017年基于营养科学的共识提出了“211饮食法”，即每一餐要有“两个拳头的蔬菜、一个拳头的主食、一个拳头的高蛋白食物”，方便我们在日常生活里实践健康饮食。如果你对营养学有兴趣，可以用211饮食法的框架来观察书中的食物组合，顺便学习如何做到均衡的营养搭配。收获健康，也许会是你未能预料到的惊喜。

最后是模仿复刻。
跟着书中的烹饪步骤来，一步一步感知食物质感和风味的变化，逐步将这本书的理念和方法融入自己的生活，让自己成为家里餐桌和食物的掌控者。书中的每一道菜谱都经过了姚怡亲自实践和用心设计，你可以一边模仿一边创新，说不定也能积累出专属于自己的食谱集了！

总之，这本书不仅是一本食谱书，更是一种生活方式的指南。很荣幸能提早一步欣赏到姚怡为我们带来的这本充满爱与智慧的书籍，期待更多读者可以从中找到更理想的生活。

中国注册营养师、211饮食法创立人、《吃饭是个正经事》作者 田雪

从人间烟火 到诗与远方

30岁之前，我几乎没怎么进过厨房。小时候父母、保姆做饭，婚后先生做饭，在学校吃食堂，工作后点外卖，感觉锅碗瓢盆与自己毫无关系。

31岁时，我有了儿子小诺，开始学着做婴儿辅食和健身餐。再之后，我辞去了工作，也辞退了保姆，照顾老小，一日三餐，与锅碗瓢勺相伴，成了我生活的主旋律。

我曾从事过近十年的橱窗设计工作，如今，我人生的舞台从橱窗搬到了厨房，设计上的灵感和梦想在餐桌上继续演绎。从纯粹的责任和义务，到逐渐对烹饪产生了浓厚的兴趣，现在的我可以从早到晚，花十余小时在下厨房和研究食谱上。

为了让全家人吃得更营养健康，我开始系统学习营养学；为了避免日复一日的枯燥，我开始研究古今中外的各种食谱和饮食文化，琢磨如何把普通食材玩出花样，并创建了自己的公众号“怡story”，分享自制食谱和生活故事。

从设计空间，到设计三餐，再到重新设计和打造我自己的人生。

除了烹饪与健身，我开始重拾画笔，学摄影，学冥想，尝试各种户外运动和探险……在快慢动静中不断切换，在多种角色中寻找平衡，在任何环境中学着编织自己的能量。日日挥刀，集点成线，集线成空间，一个自己的世界也就日渐完善。

对于饮食和烹饪，我也有了更深的解读和情感。

对每一餐都充满感激和期待，学着享受每一口食物，不断尝试更广泛的食材配搭和烹饪方式。在人间烟火气中，一边品味着食物的酸甜苦辣咸，也一边品读着人生的五味杂陈。

2022年，我萌生了出书的念头，将多年积累的作品整理成册，记录一枚“素人”的成长，书中也饱含着我与家人在餐桌上共度的美好时光。我反复打磨书的形式和内容，跨越了一个又一个春秋冬夏。

2023年父亲离世，婚姻变故，我也开启了人生的新篇章。

所谓幸福，并不依托于那些惊天动地的喜悦和成就，或是海市蜃楼般的诗与远方，认真对待当下的每一刻，一箪食，一瓢饮，皆是人间好滋味。

姚怡

目录

5 Chapter 多彩沙拉

6 Chapter 创意饮品

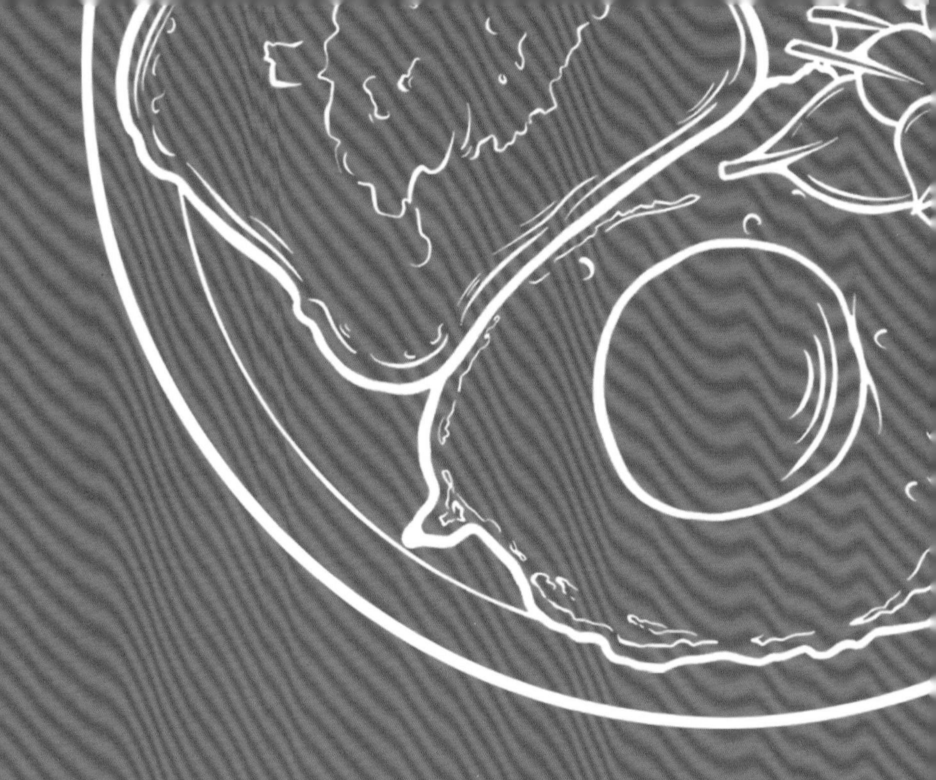

Chapter 1

饮食观与营养配搭

健康饮食观

Health Nutrition Concepts

尊重食物

吃东西就等同呼吸，包含在生命的结构之中。从分子层面来说，吃进去的东西还会与身体进行交换，只要三个月，人的身体就会替换成吃进去的东西。在“食”的领域里，需要有一颗敬畏之心。

“吃东西”代表领受其他的生命，肉，蛋、种子、芽、蕾等，都是生命的前端，生命借由吃或被吃与其他生命连接。思考其他的生命，等同思考自己的生命。**试着对每一餐充满期待和感激，享受吃进嘴的每一口食物。尊重食物，也就是尊重自己。**

顺应自然

顺应自然，多吃应季食物。在食材风味最佳的时候，任何多余的烹饪都是对美味的亵渎。

动态平衡

健康的生活方式多种多样，绝不是一种固定的样子。地域、气候、基因、文化、生活习惯……都与饮食息息相关。适合别人的不一定适合自己；适合现在的自己的也不一定适合将来的自己。

我们需要了解食物，了解自己的需求，了解底层逻辑，合理地权衡利弊，在每一个当下，做出恰如其分的选择。

科学瘦身

“健康瘦=健康饮食+良好的生活习惯+合理运动+好心态。”

节食是在对抗体重调节系统，是在挑战人体的内稳态，是违背人体自然规律的，必然会遭遇平台期和体重反弹。瘦得越快，平台期越大，体重反弹会来得越凶猛。

我们要尊重身体，倾听身体，让身体自然地修复体重调节功能，身体健康了，人自然就瘦了。“瘦”是健康的身体回馈给你的礼物。

药补不如食疗

人这一生就是一个细胞不断自我修复的过程，疾病发展是细胞修复与损伤之间赛跑的结果。

细胞自我修复能力主要取决于两个因素：一个是与生俱来的细胞生命周期，另一个是后天的营养状况。前者决定了修复速度，后者决定了修复质量。细胞生命周期无法改变，但营养状况可以通过我们选择的食物优化。

要预防疾病，一日三餐才是真正的保健品；对于许多慢性病的治疗，食物才是最好的药物。

二八原则

80%的时间吃较健康的食物，另外20%的时间灵活变通。

这样既可以确保营养的全面摄取，也可以避免对食欲过分的压抑带来的报复性进食；或是吃了非健康食物后产生各种焦虑和负罪感。放松心态，轻松愉悦地享受每一口，每一餐。

营养素的搭配与平衡

The Concepts of Health Nutrition

人类的食物有成千上万种，但归根结底，它们都提供七大类营养素，分别是碳水化合物、蛋白质、脂类、维生素、矿物质、膳食纤维和水。一个人要想身体健康，就要吃对食物，吃对食物的标准就是要满足七大营养素的搭配和平衡。

蛋白质——选对优质蛋白，事半功倍

蛋白质是构成细胞、器官、组织的基本原料，也是维持人类生存所必需的营养素，可以说没有蛋白质就没有生命。

所有蛋白质都要被分解成氨基酸后才能被人体吸收和利用，根据所含氨基酸的种类及质量可以简单分为：优质蛋白和非优质蛋白两种。

优质蛋白主要存在于鱼、肉、蛋、奶、豆这五大类食物之中，更易被人体吸收和利用。

碳水化合物——复合配搭更健康

碳水化合物最大的功能就是为人体提供能量，分为简单碳水化合物和复合碳水化合物。

简单碳水化合物可以快速被人体消化吸收，用于补充能量，但也容易转化成脂肪，主要分布在糖、蜂蜜、甜饮料、白米、白面和许多精加工食品中。

复合碳水化合物需要较多的能量来消化，被吸收的时间比较长，转化为脂肪的概率较小，主要分布在杂粮杂豆、根茎薯类等天然食物当中。

健康饮食推荐以复合碳水化合物为主，简单碳水化合物为辅。

脂类——亦敌亦友

我们常说减肥要减去脂肪，因为体内脂肪堆积过多会诱发各种慢性疾病，但食物中的油脂也是人体重要的营养来源，能供给热量、保护内脏、保持体温，是脂溶性维生素的载体，也为人体提供必需脂肪酸。

脂肪酸分为饱和脂肪酸和不饱和脂肪酸。饱和脂肪酸结构较为稳定，容易积累成脂肪，分布在家畜类动物油、黄油、饼干、蛋糕等食物中。

不饱和脂肪酸更有利于人体健康，能阻止脂肪沉积，帮助减脂，主要分布在各种植物油、深海鱼、虾、贝类、坚果、牛油果等食物中。值得注意的是，不饱和脂肪酸中的反式脂肪酸对人体健康没有任何益处，不仅会导致肥胖，还会增加患心血管疾病的风险。**深加工食品和高温油炸物中反式脂肪酸较多，日常饮食应尽量避免。**

维生素和矿物质——四两拨千斤

维生素在人体中的含量很少，不到1%，但如果没有维生素，人体内很多重要生命活动都无法完成，所以被叫作维持生命的元素，简称维生素。

矿物质其实就是体内的各种离子，它们在人体内虽然很少，却有着四两拨千斤的作用。

维生素和矿物质广泛分布在各种谷物、豆类、蔬菜、水果、肉、蛋、奶等食物中，只要营养均衡，即可获得。食用化学合成的维生素和矿物质远达不到食用天然食物的效果。

膳食纤维——肠道菌群的最爱

多年前，人们以为膳食纤维是食物中“没营养”的成分，随着营养学的发展，人们越来越重视其在平衡膳食中的作用。

可溶性膳食纤维是肠道菌群的食物，可促进细菌的繁殖；不可溶的膳食纤维穿肠而过，可以促进肠蠕动，加速粪便排泄，有利于降低餐后血糖、通便、减肥、预防结肠癌。

富含膳食纤维的食物包括薯类、笋类、芹菜、青豆、魔芋、西蓝花、燕麦、麦麸、猕猴桃、无花果等。

水——不是每天八杯那么简单

人的身体60%左右都是水，细胞的新陈代谢、微循环中的物质交换都是在水溶液中进行的。水还参与调节体温，运送营养和氧气，排出废物和毒素，润滑和保护组织器官。

正常情况下，普通人每天应喝1500~1700mL的水，但天热时，运动较多的人需要更多的水；若日常饮食粥汤较多，也可以减少饮水量。

衡量饮水量的两项指标：一项是看自己渴不渴，渴了才喝是不对的，饮水量足够，人是不应该感觉口渴的；另一项是观察尿液颜色和排尿量，正常情况下尿液是淡黄色，总量在1500mL左右。

平衡七大营养素，学会听懂身体的语言。

万能营养早餐公式

Universal Breakfast Formula

万能营养早餐公式=混合主食+高蛋白食物+彩虹蔬果

用一个餐盘来量化食物比例，盘子里有1/4混合主食（多增添全谷物和薯类食物），1/4高蛋白食物（鱼、肉、蛋、奶豆），1/2彩虹蔬果（水果可作为加餐食用），另外可加少许坚果（摄取优质脂肪）。

混合主食

主食可以简单地分为优质主食（全谷物、杂豆、薯类）和精制主食（白米、白面、淀粉和精加工主食）。

推荐多吃优质主食，如全谷物面包/糕点、杂粮杂豆粥/浆、根茎薯类（红薯、紫薯、山药、土豆、莲藕、贝贝南瓜等）。**精制主食、杂粮杂豆、根茎薯类，建议以1：1：1来进行搭配。**

高蛋白食物

高蛋白食物主要是指鱼、肉、蛋、奶、豆这五大类食物，这五类食物中的蛋白质更易被人体吸收和利用。

早餐中，鸡蛋几乎是最完美的优质蛋白质来源，蛋白凝固、蛋黄嫩嫩的状态下营养价值最高。

奶制品除了担当补充蛋白质的角色，还是补钙的先锋。牛奶、酸奶要选择无糖的，奶酪要买天然奶酪中含盐量最低的，才比较健康。

大豆类是指蛋白质含量高、可以榨豆浆的黄豆、黑豆、青豆。其他豆类都是杂豆，属于主食。

其他常用于早餐的高蛋白食材有虾、三文鱼、金枪鱼、牛肉、鸡腿肉等。

彩虹蔬果

根据颜色不同，蔬菜和水果可分成五大类，因每类颜色的蔬果含有不同的营养素，能够对身体起到不同的保健作用。搭配食用不同颜色的蔬果，可以确保每天能够摄取足够并且均衡的营养。

红色蔬果主要含有番茄红素，它是类胡萝素的一种，对身体最重要的功能就是“抗氧化”。代表食物有番茄、红瓤西瓜、红心木瓜、血橙、葡萄柚等。

橙黄色蔬果的代表性营养素是胡萝卜素，它能够在人体内转变成维生素A，对眼睛有益。除了胡萝卜，所有橙黄色的蔬果，如南瓜、彩椒、杧果、木瓜、橘子、橙子、柑、柚子等都含有胡萝卜素。

紫色蔬果包括紫皮葡萄、黑加仑、黑树莓、桑椹、紫卷心菜、紫茄子、紫薯及紫菜、海带等。紫色蔬果的关键营养素是花青素，有很强的抗氧化作用。

白色蔬果香蕉和马铃薯是其中的代表。这些高钾质的蔬果，能够修复钠质对身体所造成的伤害。其他如花椰菜、蒜及洋葱等，有助于控制血压及胆固醇，降低中风和患心脏病的风险。

绿色蔬果的代表性营养成分是叶绿素，同时富含维生素C、镁以及叶酸等抗氧化剂，如苹果、西蓝花、羽衣甘蓝、芝麻菜、菠菜、牛油果、猕猴桃等。颜色越深的绿叶菜，叶酸的含量越丰富。

每一种颜色的蔬果所含的矿物质和营养素都不一样，搭配时建议深浅颜色互补，“彩虹”搭配。

1/2彩虹蔬果

混合主食、高蛋白、彩虹蔬果，这三类食物都要吃，合理的比例能让我们摄入充足的营养，还不会发胖。无论是自己做饭，还是在外就餐，无论是早餐、午餐，还是晚餐，都可以用万能营养早餐公式来管理自己面前的餐盘。

Chapter 2

早餐制作与拍摄

常用厨具

Kitchenware

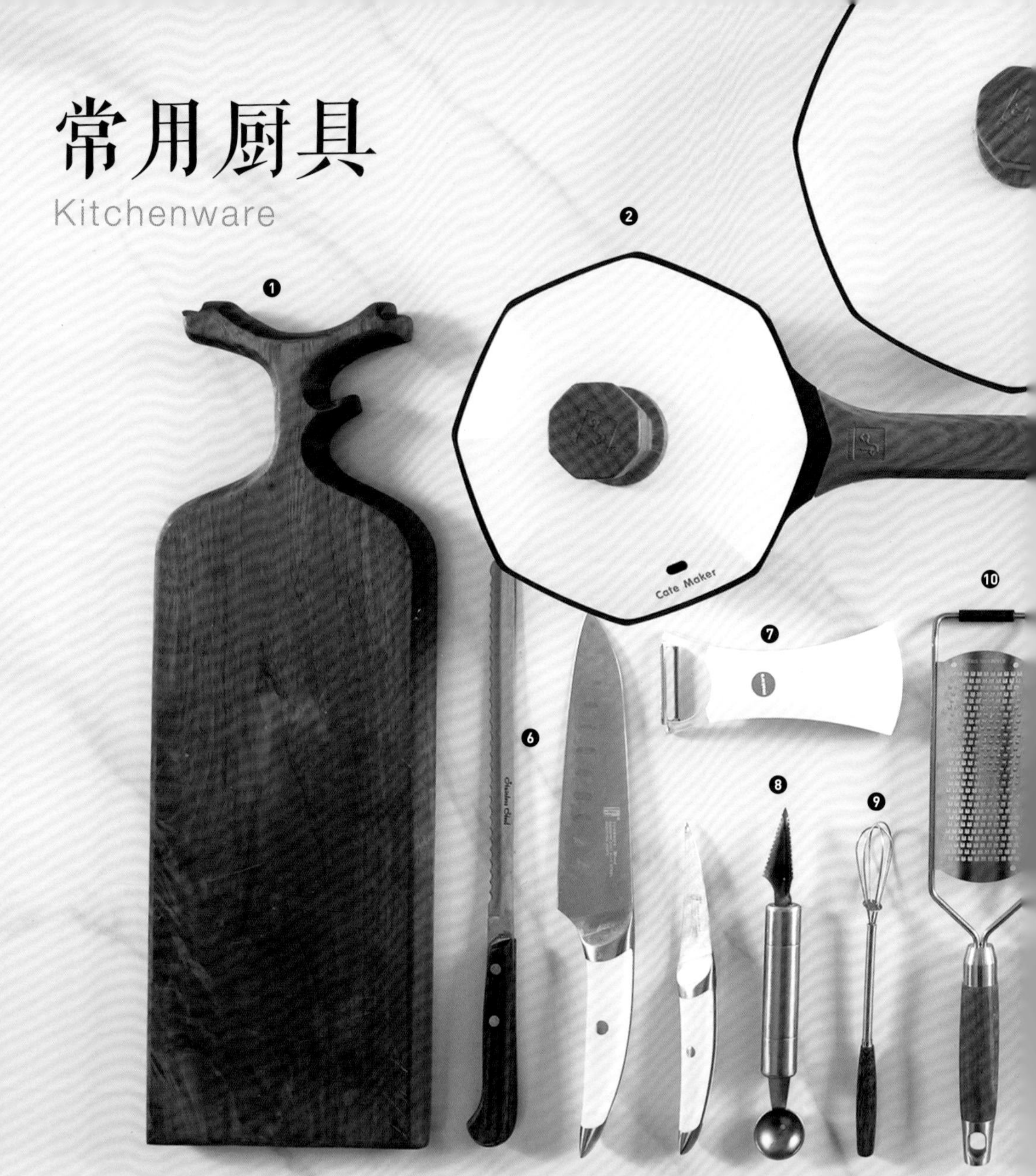

❶ **砧板** 建议准备三块，分别用来切生食、熟食蔬果、面包。砧板需要经常清洁，并保持干燥。

❷ **小煮锅** 用来煮蛋、煮汤、煮面、焯蔬菜等，适合烹饪小份食物。

❸ **平底不粘锅** 能使食材受热均匀，方便清洗，煎/炒/烧/烤……用处很多，是家庭必备厨具之一。

❹ **三合一早餐锅** 用来煎蛋、煎饼等，做1～2人份早餐特别好用。

❺ **喷油瓶** 使油以雾状均匀地喷洒在锅中或食物上，可以很好地控制用油量。

❻ **厨刀** 做早餐我常用三把：厨师刀用来切肉、菜等大部分食材，水果刀用来切小的蔬果及造型雕刻，面包刀用来切各种面包。

❼ **刮刀** 用来给食物刮皮，或将食材刮成薄片使用。

❽ **挖球勺** 一头可以把水果挖成球状，更加美观，另一头还可用于雕刻造型。

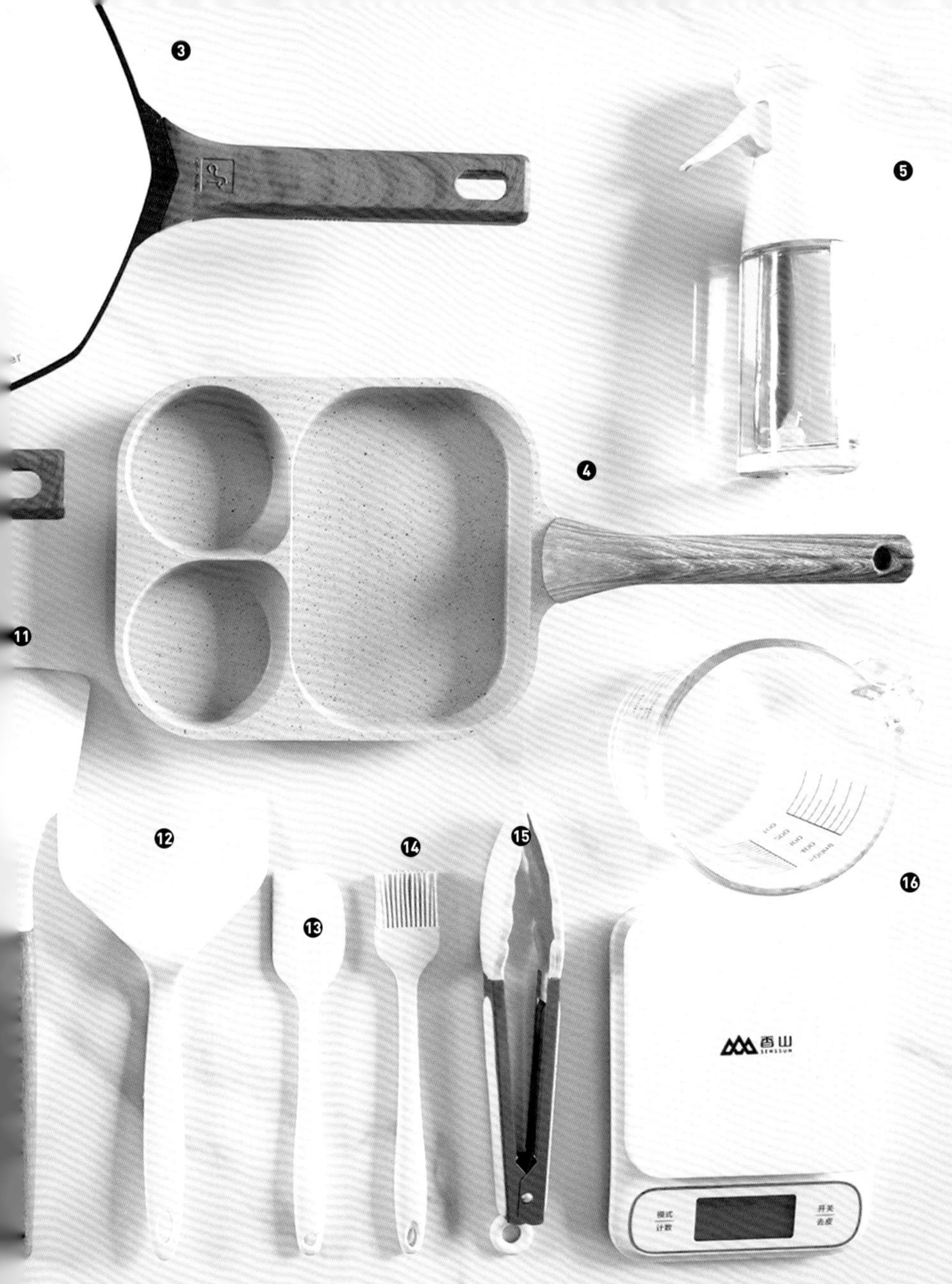

❾ **迷你打蛋器** 可以打散1到2个鸡蛋，或搅拌少量液体。

❿ **刨丝器** 用于将奶酪、柠檬、巧克力等刨成碎屑时用。

⓫ **硅胶铲** 搭配带不粘涂层的煎锅使用，防止刮伤涂层。

⓬ **玉子烧锅铲** 除了做玉子烧以外，还可以摊饼、做肠粉，翻动面积较大的食物。

⓭ **硅胶刮刀** 烘焙用具，用于刮掉容器内壁的各种浆液，分离蛋糕等，十分实用。

⓮ **油刷** 给食物刷油、刷调料以及给平底锅刷油。

⓯ **食品夹** 在煎牛排、肉饼、鸡胸肉等食物时使用，比铲子更方便翻动食材。

⓰ **量杯和电子秤** 用于计量和称重食材，使用频率很高，我日常打蛋也用这个量杯。

其他未上镜的做早餐常用小家电还有烤箱（免预热功能，十分方便）、微波炉、豆浆机、热压三明治机、料理搅拌器。

百搭餐具

Tableware

餐具搭配原则

❶ 餐具色彩不要过多，素色最为百搭。

❷ 成套选购（三个或三个以上为宜）， 有大小、深浅之分的餐具，更利于搭配组合。

❸ 根据餐食的主题来选择相应的餐具，比如西式、中式、日式等，相得益彰。

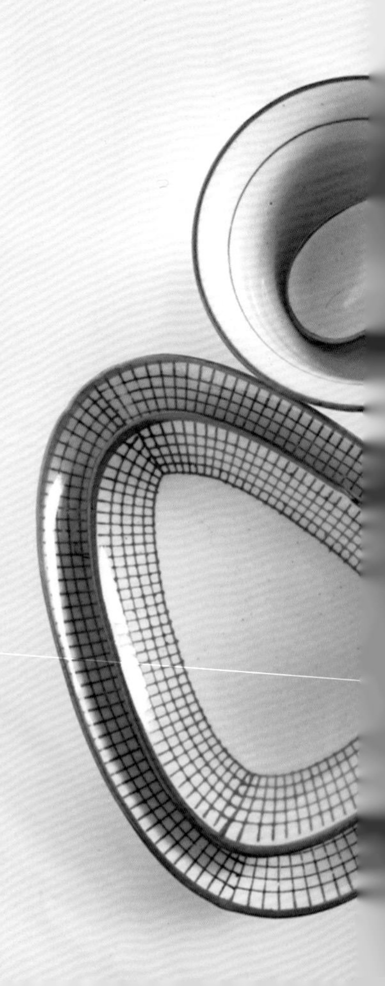

我常用的早餐餐具

❶ 木质餐具

单独使用或与其他餐具混搭都不错

❷ **百搭素色餐具**

白色/米白/浅灰/浅棕都
非常百搭

❸ **中式/日式陶瓷餐具**

适合配搭中式、日式餐点

美食摄影小窍门

Photography Skills

寻找理想光源

用光是摄影的必修课，对于美食摄影来说更加重要。

❶ 日常尽量选用自然光，对食物色彩还原最好，也方便后期调修。

❷ 如果光线过强或不足，可以通过遮光（窗纱/柔光板）、补光（补光板/人造光）、iso、后期调修来调节。

❸ 通常会用到侧光、侧逆光和逆光来拍摄食物，比如带有汤水和热气的食物，建议用逆光拍摄。

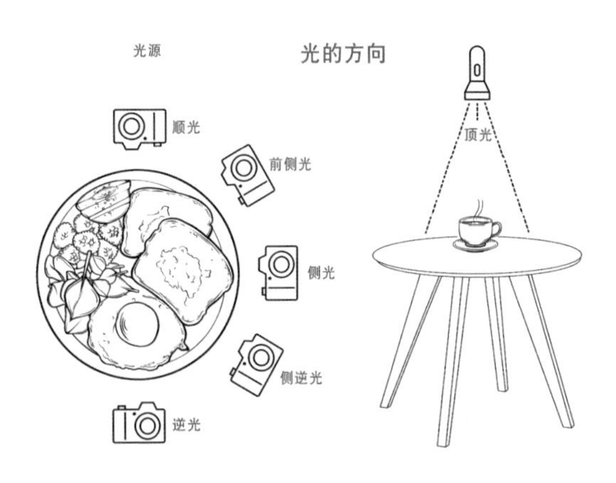

平视

尝试多种角度

常用的拍摄角度有三种：**平视、45度角（视线角度）和俯视。**

❶ **平视**通常拍摄比较高的物体，比如酒水饮料；再有一类如汉堡、三明治、千层蛋糕等层次较多的食物。

❷ **45度角**就是人坐在桌前看到的角度，这种角度最为常见，在餐厅拍摄也用得很多，能充分展现就餐环境。

❸ **俯视**适合拍摄扁平食物，或是平面细节比较丰富的食物，比如比萨，还用于多道菜和多人就餐的拍摄。

用一句话总结就是：**低菜要高拍，高菜要低拍。**

45度角

俯视

一个主体
（偏离中心构图）

两个主体
（对角线构图）

构图平衡

日常拍摄建议以竖构图为主，适用于移动端的浏览体验，还有倒水、撒粉一类场景，更加有空间感。

❶ 一个主体

置中构图（注意留白，用道具打破沉闷和刻板）。

偏离中央构图（注意平衡画面）。

❷ 两个主体

对称构图。

对角线构图（有主次之分）。

❸ 三个主体

三角形构图（所有的三角形都稳定，非等边的更高级）。

❹ 多个主体

矩阵式构图、聚散式构图、归纳式构图、趣味造型构图。

无论哪种使用构图方式，都要注意画面的协调与平衡。

三个主体
（三角形构图）

多个主体
（趣味造型构图）

同色系

撞色搭配

色彩和谐

画面感主要由构图和色彩决定，具有整体感、和谐的色彩运用，可以迅速提升作品的视觉愉悦程度。

介绍三个常用的基础色彩搭配方法。

❶ **同色系**（要注意明暗关系，有对比）。

❷ **撞色搭配**（色块种类不宜太多，色块大小不宜相差太大，尽量减少撞色色块以外的杂色面积）。

❸ **基础色系加点缀色**（点缀部分不宜过大，增加的颜色要和基础色系有一定差异）。

基础色系加点缀色

道具与布景

拍摄美食时，要巧用道具做点缀，成功的布景，能增强食物的魅力且不抢风头；反之则会喧宾夺主或使画面杂乱无章。

布景的基本原则。

❶ 符合饮食文化和生活习惯。

❷ 有主有次，主体突出。

❸ 有高低、远近、聚散的变化，以此营造空间感。

❹ 画面平稳，色彩和谐。

中式

后期调修

调修思路。

❶ 分析照片，找到存在的问题。

❷ 核心步骤处理：构图—白平衡—光效—颜色—细节。

❸ 加滤镜 / 加文字 / 排版等（非必要）。

我日常一般在电脑上用Photoshop修图，PS功能强大，完全能满足照片的所有后期处理需求。外出时，也用手机调修，各种手机App的功能也十分惊人，对于记录生活而言，也完全够用了。

常用的手机软件。

西式

童趣

基础调修：Snapseed、泼辣。

滤镜：VSCO、InterPhoto（印象）。

排版加字：Canva可画、黄油相机。

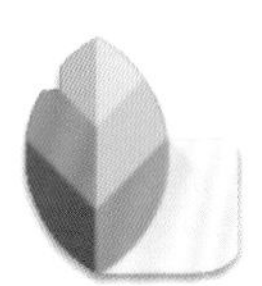

Snapseed

泼辣

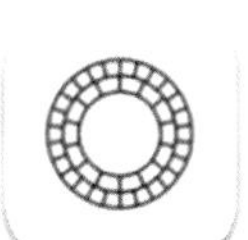

VSCO

InterPhoto

Canva可画

黄油相机

后期心得。

❶ 能前期拍好的，尽量不要依靠后期。

❷ 前期拍摄时最好不要加滤镜，给后期更大的处理空间。

❸ 所有软件和技能都是工具，核心还是要提高审美水平。

快速提升摄影水平的方法

❶ 多看大片，提高审美水平。

❷ 多练，从模仿开始，逐渐拍出自己的风格。

❸ 多思考，分析一张片子好在哪里，什么地方欠缺，不断精进拍摄技术。

Chapter 3

百变主食

魔法吐司
Toast

这世界不停地开花，

我想放一朵在你心里。

玫瑰花吐司

Ingredients

全麦吐司5片（3片做花与叶，2片做底）、模具（或剪刀）、棉线1根。

Method

❶ 吐司去边，用擀面杖擀平，用模具压7片心形，再剪5片叶子（大小不一），用牙签压出叶脉。

❷ 取一片心形卷起做花心，再拿起第二片依次叠包起来。

❸ 捏紧花茎，用线扎紧，在另一片吐司上挖一个洞，将花插入，再把叶子放好。

❹ 放入烤箱，180度，12～15分钟，直到吐司表面上色即可。

蟹柳滑蛋三明治

Ingredients

吐司2片、鸡蛋2个、牛奶30mL、蟹柳2根、牛油果半个、黄油5g、盐和胡椒粉少许。

Method

❶ 吐司去边，蟹柳撕散，牛油果切片，蛋液里加牛奶搅拌均匀。

❷ 加热平底锅，用黄油涂抹锅底，吐司裹上蛋液煎至两面金黄。

❸ 剩余的蛋液加入蟹柳搅拌均匀，继续加热平底锅，倒少许油，中小火炒好滑蛋，在蛋液即将凝固前出锅。

❹ 组装：吐司—滑蛋—牛油果—吐司，一切为二即可。

香脆的吐司，
软糯的芋泥，
配上流沙咸蛋黄酱，
咸甜适中，
绝对的神仙组合！

金沙芋泥帕尼尼

Ingredients

芋泥馅：荔浦芋头100g、紫薯30g、淡奶油20g、黄油5g、细砂糖10g。

咸蛋黄流沙馅：咸蛋黄4个、黄油30g、炼乳10g、细砂糖10g。

帕尼尼：吐司2片、芋泥馅40g、蛋黄馅20g。

Method

❶ 做芋泥馅：芋头、紫薯蒸熟压成泥，加入软化的黄油和其他食材，搅拌均匀。

❷ 做蛋黄馅：咸蛋黄压成泥，加入软化的黄油和其他食材，搅拌均匀。

❸ 早餐机预热1分钟，取一片吐司，涂上两种馅料，盖上另一片。

❹ 热压3分钟即可。

Tips

馅料不要放太多，也不要抹到吐司边缘的位置，不然压的时候会溢出来。

帕尼尼 Panini

帕尼尼在意大利语中是“三明治”的意思。
几片貌不惊人的面包，加上鸡肉/牛肉/火腿/培根/金枪鱼/香肠/鸡蛋
或纯素的蘑菇/茄子/番茄/薯类/杂粮泥，配上喜欢的酱料，
就能配搭出无穷创意，或奢侈华丽，或简单随意。

肉松沙拉吐司卷

Ingredients

吐司2片、水煮蛋2个、胡萝卜和黄瓜150g、香甜沙拉酱15g、肉松适量、沙拉酱和番茄酱适量、盐和黑胡椒粉少许。

Method

❶ 水煮蛋切小丁，胡萝卜焯沸水切小丁，黄瓜切小丁，加沙拉酱、盐、黑胡椒粉搅拌均匀。

❷ 垫上保鲜膜，吐司去边，两片并排放好（拼接处用沙拉酱粘合），放上馅料。

❸ 用保鲜膜包紧后，静置3~5分钟。

❹ 取下保鲜膜，淋上沙拉酱，撒上肉松即可。

Tips

❶ 吐司卷不散的关键是：馅料要有足够的酱汁；两片吐司接缝处用沙拉酱黏合；用保鲜膜包裹紧一点！

❷ 不做装饰也可以直接当野餐便当。

五彩吐司蛋杯

Ingredients

全麦吐司3片、鹌鹑蛋6个、杂蔬（香肠、豌豆、玉米、甜椒）90g、盐和黑胡椒粉少许。

Method

❶ 用沸水氽豌豆、玉米，甜椒、香肠切丁，取3个鹌鹑蛋打散备用。

❷ 热锅起油，下香肠炒香，再下其他食材翻炒片刻，盛起备用。

❸ 把吐司四周切边，用擀面杖压薄，四边分别在中间位置切3cm的开口。

❹ 将切口处重叠，放入烤模。

❺ 在吐司盅内，放入炒好的食材，倒入蛋液，再磕入一枚鹌鹑蛋，撒上盐、黑胡椒粉。

❻ 放入烤箱，180度，烤20～25分钟（中途吐司角微微上色时盖上锡箔纸，免得烤煳）。

Tips

食材的搭配可以多种多样，比较推荐的组合还有：口蘑+菠菜+蛋；培根+蛋，鹌鹑蛋也可以换成鸡蛋。

Yamamoto
a very
sponge cake or sometimes a corn
(i.e. biscuit) at all, but instead use
shortcake are not made with a
onto the top. Some convenience version
strawberries and whipped cream are added
The top is replaced, and
flavored with sugar and
juice, and whipped

芒果燕麦吐司布丁

Ingredients

（中号烤碗，2人份，食材总量约400g）

全麦吐司2片、鸡蛋2个、燕麦片30g、牛奶100mL、椰子花糖10g、核桃碎适量。

Topping：芒果粒、蓝莓、椰蓉、嫩叶。

Method

❶ 烤箱预热至180度；鸡蛋中加入牛奶、椰子花糖，搅拌均匀，再倒入燕麦片，继续搅拌。

❷ 将吐司切成小块，放入烤碗底部。

❸ 将蛋液倒入烤碗（让每片面包块充分吸收蛋液），撒些核桃碎。

❹ 放入烤箱下层，180度，烤20分钟。取出后放上芒果粒、蓝莓，撒上椰蓉，做点装饰即可。

Tips

❶ 用法棍来做此款布丁也是非常不错的。

❷ 想要蓝莓有光泽感更上镜，可以预热平底锅，刷少许油，放入蓝莓，滚几圈即可。

旋转木马吐司

Ingredients

吐司、淡奶油或酸奶、草莓、蓝莓、手指饼干、小马饼干、番茄酱、薄荷。

欧包奇遇记
European Bread

红薯燕麦面包鸡蛋布丁

Ingredients

长条面包1个、熟红薯150g、燕麦片30g、鸡蛋2个、牛奶120mL、椰蓉少许、薄荷叶装饰用。

Method

❶ 将燕麦片和牛奶混合均匀，熟红薯压成泥，加入60mL牛奶，和燕麦搅拌均匀，铺在烤盘底部。

❷ 欧包切薄片，斜插入红薯泥中，可以摆成各种造型。

❸ 鸡蛋打散，加入60mL牛奶，和鸡蛋混合均匀，均匀倒在烤盘中。

❹ 覆盖上锡箔纸，放入烤箱，200度，烤25分钟（最后5分钟去掉锡箔纸，给面包片上色），出炉后撒上少许椰蓉，放上薄荷叶装饰即可。

三拼开放式三明治

Ingredients

鸡蛋1个、金枪鱼50g、牛油果半个、法棍3片、牛奶10g、低卡沙拉酱适量、奇亚籽和嫩叶（装饰用）。

Method

❶ 法棍切片，放入烤箱200度烤5分钟。

❷ 鸡蛋加牛奶和少许盐打散，金枪鱼加沙拉酱搅拌均匀，牛油果切片。

❸ 加热平底锅，喷少许橄榄油，放入蛋液，用硅胶铲从四周往里推，在蛋液快凝固前出锅。

❹ 在法棍上码放滑蛋、金枪鱼、牛油果，再做点装饰即可。

85℃面包店招牌“凯撒大帝”，
用土豆泥替代了大部分的沙拉酱，
热量更低，
味道依然很棒，
一口咬下，
体会香脆与软糯的交织缠绵！

低脂版“凯撒大帝”

Ingredients

法棍1段（约10cm长）、土豆100g、牛奶50g、香肠/火腿/培根30g、卷心菜20g、蒜1瓣、马苏里拉芝士适量、盐和黑胡椒粉少许、沙拉酱适量。

Method

❶ 取一段法棍，横剖成三份，中间的部分切小块。

❷ 土豆蒸熟，趁热压成泥，卷心菜切丝，香肠切小丁，蒜压成泥。

❸ 在土豆泥中加入牛奶搅拌均匀，再混合香肠、卷心菜、蒜泥、法棍块、盐、黑胡椒粉、一半的马苏里拉芝士，搅拌均匀。将混合物涂抹在两段法棍上，最后再撒上一点芝士。

❹ 放入烤箱，180度，烤15分钟，取出后淋少许沙拉酱，撒点黑胡椒粉即可。

贝果北非蛋

Ingredients

贝果1个、可生食鸡蛋1个、番茄1个（约200g）、白洋葱30g、番茄酱10g、蚝油5g、生抽5g、黑胡椒粉少许、百里香装饰用。

Method

❶ 贝果对半切开，番茄去皮切丁、白洋葱切丁。

❷ 热锅放少许油，将洋葱炒出香味，倒入番茄翻炒出汁，继续加入番茄酱、蚝油、生抽调味，中小火烧至番茄汁水基本收干。

❸ 将番茄酱涂抹在贝果上（小洞也填上），用勺子在中间压个坑，磕入一枚鸡蛋（保留少许蛋白或只放蛋黄），撒少许黑胡椒粉。

❹ 放入烤箱，180度，烤15分钟，最后5分钟放入另一半贝果一起加热。

双层牛肉饼芝士堡

Ingredients

牛肉饼（4个量）：牛肉糜200g、鸡蛋1个、洋葱50g、香菇1个、蚝油15g，生抽10g，盐、黑胡椒适量。

汉堡包（1个量）：牛肉饼2个、车达芝士1~2片、洋葱适量、番茄1片、卷边生菜2片、沙拉酱适量。

Method

❶ 香菇、洋葱洗净切碎，加入牛肉糜和所有调味料，用筷子搅上劲，平底锅高火预热后倒入拌好的牛肉，中火将其煎至两面金黄。

❷ 煎牛肉饼的同时可以煎洋葱丝，将番茄切片，生菜洗净沥干水分。

❸ 把汉堡胚一分为二，依次放入沙拉酱、生菜叶、番茄片、牛肉饼、芝士、牛肉饼、芝士、洋葱、生菜叶。

番茄肉酱烘蛋盅

Ingredients

圆形欧包1个、鸡蛋1个、番茄牛肉酱70g、玉米30g、芝士适量。

番茄牛肉酱（可做2~3份）：牛肉糜100g、洋葱20g、胡萝卜20g、番茄意面酱50g、料酒10g、橄榄油5g、黄油5g、盐和黑胡椒粉少许。

Method

❶ 洋葱切末、胡萝卜切末。热锅起油，放入洋葱末、胡萝卜末，炒至出香味变软，放入牛肉糜，翻炒牛肉至变色，加入料酒继续炒至水分蒸发，加入番茄意面酱，翻炒均匀，用盐、黑胡椒粉调味。

❷ 欧包上顶切开，挖空里面，依次放入玉米、芝士、肉酱、鸡蛋，再撒点黑胡椒粉。

❸ 用锡箔纸围住面包周边，放入烤箱，180度，烤20~25分钟即可。

有一种快乐叫拉丝。

这样的卷饼谁不爱

Pancake

葱香鸡蛋火腿卷饼

Ingredients

原味饼皮1张、鸡蛋1个、火腿肠1根、胡萝卜30g、黄瓜30g、小葱1根、黑芝麻少许、香甜沙拉酱和番茄酱适量。

Method

❶ 火腿肠切条、胡萝卜和黄瓜切丝、香葱切末。

❷ 热锅少油，煎至火腿肠变色，炒至胡萝卜丝变软，放少许水和盐。

❸ 平底锅内放入一张卷饼皮，磕入鸡蛋，用刮刀打散后，撒上黑芝麻和葱花，盖上锅盖烘一下，慢慢煎熟。

❹ 出锅后将鸡蛋原味饼皮移至案板上，淋适量番茄酱，摆放胡萝卜丝、黄瓜丝和香肠，再淋适量沙拉酱。

❺ 饼皮先卷两头，再从平行于火腿肠的一头卷起。

❻ 切段，再淋少许番茄酱装饰即可。

金枪鱼杂蔬窝蛋饼

Ingredients

全麦饼皮1张、水浸金枪鱼50g、蟹柳2根、鸡蛋1个、卷心菜100g、玉米30g、番茄酱适量、海盐和黑胡椒粉少许。

Method

❶ 卷心菜切丝，热锅少油炒至卷心菜变软，蟹柳切段。

❷ 将饼皮四周翻折起，借助牙签固定。

❸ 在饼皮中央依次放入卷心菜、玉米、金枪鱼、蟹柳，中间磕入鸡蛋，撒少许海盐和黑胡椒粉。

❹ 放入烤箱，180度，烤15~18分钟，烤至鸡蛋凝固，拿掉牙签，点缀适量番茄酱摆盘。

内有乾坤的窝蛋饼，营养美味百分百！
烤过的饼皮四周香脆，配上丰富的馅料，不能更满足！

牛油果滑蛋口袋饼

Ingredients

菠菜饼皮1张、全麦饼皮1张、鸡蛋2个、蟹腿肉1条、牛油果1个、牛奶20g、盐和黑胡椒粉少许、奇亚籽、百里香、椰子片、坚果碎、沙拉酱（装饰用）。

Method

❶ 鸡蛋加牛奶、撕成条的蟹腿肉、盐、黑胡椒粉，打散备用；牛油果压成泥。

❷ 炒滑蛋：热锅少油，转中小火，倒入蛋液从周围往里推，在蛋液未凝固前关火，盛起备用。

❸ 加热平底锅，将饼皮烘烤至变软，在全麦饼皮中放入适量牛油果泥；菠菜饼皮中放入滑蛋。

❹ 然后将拼皮折起（如图所示）。

❺ 在饼皮顶部中间划一刀，全麦饼皮填入滑蛋、牛油果泥；菠菜饼皮填入牛油果泥、滑蛋。

❻ 挤上沙拉酱，再用奇亚籽/百里香/椰子片/坚果碎装饰即可。

Tips

食用前用微波炉加热一下，软软的饼皮裹上呼之欲出的馅料，不要太满足！

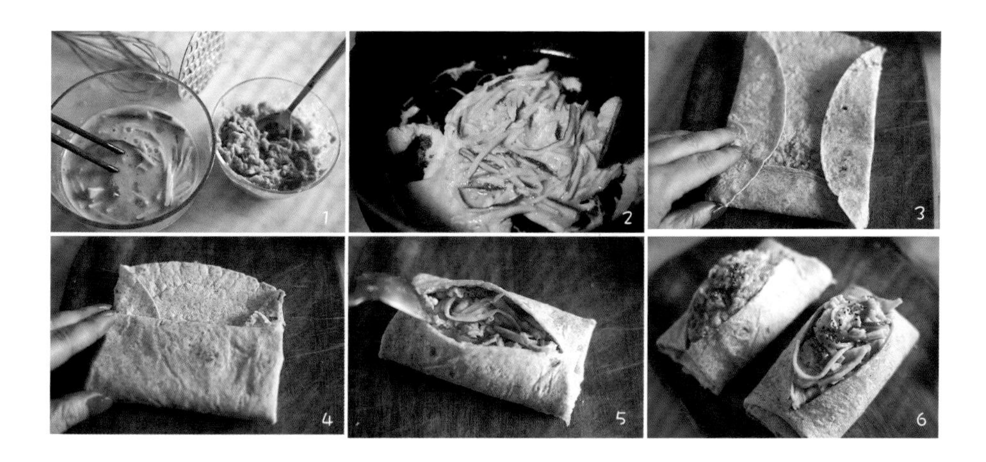

虾仁什锦脆脆杯

Ingredients

全麦饼皮1张、虾仁4只、杂蔬（洋葱、玉米粒、口蘑）100g、番茄酱、沙拉酱、马苏里拉芝士适量、盐和黑胡椒粉少许、百里香（装饰用）。

腌制虾仁（量都非常少）：盐、黑胡椒粉、料酒、蚝油、淀粉。

Method

❶ 虾仁腌制10分钟；口蘑和洋葱切丁。

❷ 热锅爆香洋葱，放入口蘑、玉米粒，翻炒均匀，放盐、黑胡椒调味；虾仁煎至两面金黄。

❸ 平底锅烘一下饼皮使其变软，将其平均分成四份。

❹ 每份饼皮切三刀后，折叠放入马芬模具（如图所示）。

❺ 放入烤箱，180度，5分钟定形后取出，在底部刷一层番茄酱，再依次放入一半杂蔬粒、马苏里拉芝士、另一半杂蔬粒、虾仁、马苏里拉芝士。

❻ 再次放入烤箱，180度，10分钟，饼皮脱模后淋少许沙拉酱，放上百里香装饰即可。

achene (seed) oil.
consumed fresh.

鲜虾西蓝花窝蛋盅

Ingredients

菠菜饼皮1张、虾仁6只、鸡蛋1个、西蓝花100g、甜椒和玉米粒50g、马苏里拉芝士适量、盐和黑胡椒粉少许。

腌制虾仁：盐、黑胡椒粉、料酒、蚝油、淀粉（都少量）。

Method

❶ 虾仁腌制10分钟；用沸水氽西蓝花、玉米粒1分钟；甜椒切丁。

❷ 热锅少油煎至虾仁变色、熟透，盐和黑胡椒粉调味。

❸ 准备一个六寸蛋糕模具，放入卷饼皮，周围整理好花边。

❹ 放入西蓝花、玉米粒和甜椒，撒一层芝士。

❺ 中间磕入一个鸡蛋，放上虾仁，再撒一层芝士。

❻ 放入烤箱，180度，烤15~18分钟，出炉后撒上盐和黑胡椒粉。

鸡腿口蘑花轮比萨

Ingredients

全麦饼皮1张、鸡腿肉120g、口蘑3个、黑胡椒酱适量、马苏里拉芝士适量、盐和黑胡椒粉少许。

腌鸡腿：黑胡椒酱20g（或自调：蚝油5g、生抽5g、老抽3g、黑胡椒粉5g、淀粉5g、盐少许）。

Method

❶ 鸡腿肉码料腌制，口蘑切片、小葱切末。

❷ 热锅倒少许油，将鸡腿肉煎至金黄，口蘑两面煎至变色。

❸ 饼皮沿圆形磨具分割，先等分成四份，再分成八份。

❹ 在饼皮上先刷一层黑胡椒酱，放一层芝士，再放上鸡腿肉、口蘑、葱花，再撒一层芝士。

❺ 每一份饼皮的两边用牙签合拢固定。

❻ 放入烤箱180度，烤10分钟即可。

手抓饼的神仙吃法
Shredded Pancake

螃蟹可颂

Ingredients

手抓饼1张、鹌鹑蛋6个、火腿肠5根、热狗肠1根（做钳子）、黑芝麻酱少许（做眼珠）、蛋液适量、牙签若干。

Method

❶ 鹌鹑蛋煮熟过凉水，剥皮备用。

❷ 三根火腿肠做螃蟹身体，在两端各划为四等份（做八条腿），另取两根火腿肠和一根热狗肠，切成6厘米左右的6根（做钳子），对剖2/3的位置。

❸ 手抓饼室温软化（3~5分钟即可，太久易粘连），切成5份（如图所示）。

❹ 取中间三条手抓饼，放上火腿肠，从宽边往尖角卷起裹紧，剩余材料裹上剩余的火腿肠做成卷。

❺ 刷一层蛋液，放入烤箱，200度，烤12～15分钟（烤至出油、膨胀、表面微焦即可）。

❻ 用牙签插在“眼球”和“钳子”上，固定在“螃蟹”身上，再用筷子蘸黑芝麻酱，点上黑眼珠即可。

酥皮培根蛋包

Ingredients

手抓饼2张、煮鸡蛋2个、培根2片、蛋黄液、番茄酱和沙拉酱适量、黑胡椒粉少许。

Method

❶ 将手抓饼两边往中间折，然后用擀面杖擀平。
❷ 放上培根和煮鸡蛋，裹紧后用蛋液封口，两侧收拢。
❸ 对切成两半，刷上蛋液，再淋上番茄酱和沙拉酱，撒少许黑胡椒粉。
❹ 放入烤箱，200度，15分钟。

Tips

先淋酱再烤，烤完后，番茄酱和沙拉酱的味道会变淡一些；也可以烤完再淋酱、撒肉松。

紫薯桃花酥

Ingredients

（做6个的用量，馅料有余）

手抓饼2张、馅料150g、蛋黄液适量、黑芝麻少许。

馅料：紫薯200g、荔浦芋头50g、椰浆或牛奶30mL、白糖10g。

Method

❶ 紫薯和芋头蒸熟，加入椰浆或牛奶、白糖，用料理机打成泥（不能太稀）。

❷ 在室温下将手抓饼卷起来，切成均等的三份。

❸ 取一份稍稍压扁，用擀面杖擀成一个圆形的面皮，放入适量馅料（约25g）。

❹ 包好的饼收口朝下，稍稍按压，用刀划出5个口子。

❺ 捏出花瓣，再用刀划出纹路。

❻ 在饼上刷一层蛋黄液，在中心撒上少许黑芝麻。放入烤箱，180度，烤15分钟。

Tips

在薯类馅料中加入炼乳或稀奶油，口感都非常不错，只是热量会更高一点。

葱爆牛肉窝蛋

Ingredients

手抓饼1张、牛肉糜100g、洋葱50g、小葱30g、鸡蛋1个、蛋黄液适量、车达芝士1片、生抽20g、蚝油10g、老抽5g、水淀粉适量、黑胡椒粉少许。

Method

❶ 在牛肉糜中加入生抽、蚝油、老抽、黑胡椒粉搅拌均匀，少量多次加入水淀粉，边加边搅拌，最后加1勺食用油搅拌均匀；洋葱、小葱切末。

❷ 热锅倒入多点油，油六成热时放入牛肉糜快速炒散，加洋葱炒香后加入葱花起锅备用。

❸ 在手抓饼上依次放入馅料、芝士片、馅料。

❹ 饼皮捏好褶围起，中间用勺子压出一个小窝，打入1个蛋黄（保留少许蛋白或不放），在饼皮上刷蛋液，在蛋黄上撒点黑胡椒粉。

❺ 放入烤箱，180度，烤20分钟即可。

鹌鹑蛋菌香比萨

Ingredients

手抓饼1张、鹌鹑蛋6个、香菇1朵、口蘑2朵、蟹味菇1小把、小葱1根、马苏里拉芝士适量、低卡黑胡椒酱适量、盐和黑胡椒粉少许。

Method

❶ 手抓饼取出软化；香菇、口蘑切片，蟹味菇去蒂分开，小葱切长段，鹌鹑蛋打入空碗备用。

❷ 饼底上用叉子插孔，均匀涂抹低卡黑胡椒酱，铺满马苏里拉芝士，再铺上菌菇、小葱段，表面喷少许橄榄油。

❸ 放入烤箱，200度，8分钟。

❹ 取出烤好的比萨，用勺子在饼皮上放上鹌鹑蛋蛋黄，撒少许盐和黑胡椒粉，再次放入烤箱烤3~5分钟。

手抓饼圣诞树

Ingredients

手抓饼2张、菠菜碎和葱末适量、蛋黄液适量、盐少许、白芝麻和椰蓉少许。

Method

❶ 菠菜过沸水，挤干水分后切碎，葱切末，加少许盐搅拌均匀。

❷ 手抓饼解冻3分钟，切出圣诞树的形状（如图所示，一定要在未完全解冻，较硬的时候切）。

❸ 切好后盖在另一张手抓饼上，照着上面饼的形状切（边角余料可以做小星星装饰）。

❹ 将馅料均匀涂抹在一片手抓饼上。

❺ 再盖上另一片，切开（如图所示）。

❻ 然后把切开的小条扭成麻花状。

❼ 刷上蛋黄液，撒点白芝麻。

❽ 放入烤箱，180度，烤15分钟（烤至10分钟时先取出小星星，以免上色过度）。

Tips

❶ 菠菜一定要挤干水分，馅料也不用放太多，不然不好扭麻花。

❷ 手抓饼的软硬程度很关键，太硬饼是脆的，太软不好制作造型；如果手抓饼太软，就放进冰箱稍微冻一下再加工。

百变粗粮

Coarse Food Grain

奶香南瓜千层蛋糕

Ingredients

南瓜200g、鸡蛋2个、牛奶100mL、全麦面粉50g、杏仁片适量、蔓越莓或葡萄干适量、椰蓉或糖粉少许。

Method

❶ 南瓜切成2毫米的薄片；在鸡蛋中加入牛奶搅拌均匀，再加入面粉搅拌至无颗粒。
❷ 每片南瓜都裹上蛋液，平铺在磨具中，倒入剩余蛋液。
❸ 撒上杏仁片、蔓越莓，放入烤箱，180度，烤30分钟。
❹ 最后撒上椰蓉即可。

万圣南瓜饼

Ingredients

（14个饼的用量）

南瓜200g、糯米粉100g、玉米淀粉40g、白糖15g、豆沙适量、枸杞适量。

Method

❶ 南瓜蒸熟后去水捣成泥，加入白糖搅拌均匀。

❷ 加入糯米粉和玉米淀粉揉成团。

❸ 揉成长条切成小段，每段约25g。

❹ 包入豆沙，揉圆压扁。

❺ 用牙签在南瓜饼上压出纹路，加枸杞点缀。

❻ 大火上汽后，蒸10分钟即可。

Tips

根据南瓜泥含水量增减粉量，直至面团不粘手。

Yes, fresh
whipped cream can be good for you

红薯燕麦蛋塔

Ingredients

蛋挞杯：红薯泥360g、燕麦麸皮或燕麦碎60g、牛奶20mL。

蛋挞液：鸡蛋2个、牛奶100mL、玉米淀粉10g、糖10g。

Topping：水果、薄荷叶、椰蓉或糖粉。

Method

❶ 红薯蒸熟压成泥，加入燕麦麸皮、牛奶，搅拌均匀。

❷ 磨具刷一层油，将红薯泥放入磨具，用勺子压出凹槽，放入烤箱，180度，10分钟定形。

❸ 烤蛋挞杯的时候，将鸡蛋、牛奶、淀粉、糖搅拌均匀，过筛。

❹ 倒入蛋挞杯至8~9分满。

❺ 再次放入烤箱，180度，烤20分钟。

❻ 放上水果，撒点椰蓉或糖粉，用薄荷叶装饰即可。

Gâteau Breton
Rhubarb
How to pick
a wine store

低卡海鲜杂蔬比萨

Ingredients

比萨底：土豆120g、燕麦麸皮30g、盐和黑胡椒粉少许。

番茄酱：番茄1个（约120g）、洋葱20g、蒜2瓣、番茄酱15g、生抽10g、盐和黑胡椒粉少许。

馅料食材：虾仁10只（腌制虾仁：盐、黑胡椒粉、蚝油、淀粉）、杂蔬（甜椒、玉米粒、豌豆）50g、马苏里拉芝士适量。

Method

❶ 土豆去皮蒸熟捣成泥，加入燕麦麸、盐、黑胡椒粉，搅拌均匀，放入6寸模具，压实后用叉子扎洞，放入烤箱，200度，烤15分钟。

❷ 虾仁加腌料腌制片刻，番茄去皮切小块，洋葱切碎，大蒜剁碎，玉米粒、豌豆沸水煮熟，甜椒切小丁。

❸ 热锅放少量油炒香洋葱、大蒜后，放入番茄块炒软出水，放入番茄酱、生抽，继续翻炒入味。翻炒均匀后，加入一碗水、盐、黑胡椒粉，大火烧开后小火慢炖至汤汁浓稠。

❹ 将番茄酱涂抹在饼底上，撒一层马苏里拉，码上红椒、豌豆、玉米粒、虾仁，最后再撒一层马苏里拉，再放入烤箱，200度，烤15分钟左右，最后撒点现磨黑胡椒粉即可。

紫薯芋泥松饼

Ingredients

松饼（6~8个）：鸡蛋1个、牛奶100mL、香蕉80g、全麦粉50g、泡打粉2g。

Topping：紫薯芋泥、蓝莓、椰蓉、薄荷叶。

Method

❶ 香蕉和牛奶用料理机打成泥，鸡蛋打散。

❷ 加入香蕉牛奶泥，筛入面粉、泡打粉，搅拌成可以流动的糊状液体，静置20分钟。

❸ 加热多功能锅，倒入蛋液，中小火煎至冒泡时翻面。

❹ 松饼煎至两面金黄。

❺ 放一层松饼，抹一层紫薯芋泥，垒到自己满意为止。

❻ 最后放上蓝莓、薄荷叶，撒上椰蓉点缀。

Tips

摊松饼要领：淋蛋液时干脆利落，不要添补，全程小火。

中式面点的华丽变身

Chinese pastry

小猪香煎馒头片

Ingredients

馒头1个、鸡蛋2个、牛奶半碗、火腿肠1段、黄油适量、盐少许、黑芝麻酱和番茄酱少许。

Method

❶ 馒头切片，火腿肠斜切片并用吸管插出鼻孔，鸡蛋打散加少许盐搅拌均匀。

❷ 将牛奶倒入盘子里，馒头先两面蘸牛奶，再裹满蛋液。

❸ 加热平底锅，融化黄油，放入馒头片，煎至两面金黄。

❹ 用火腿肠做鼻子、耳朵，黑芝麻酱画眼睛，番茄酱画腮红。

拔丝菠萝馒头

Ingredients

馒头2个、马苏里拉芝士适量、蛋液或黄油适量、糖少许。

Method

❶ 馒头切十字花刀（图中为4×4和5×5两种）。

❷ 在缝隙中塞入马苏里拉芝士，刷上蛋液（或黄油），撒上白糖。

❸ 放入烤箱，180度，15分钟左右（表皮上色即可）。

墨鱼蛋包饺

花样蛋包饺

Ingredients

饺子适量、鸡蛋2个、盐和白胡椒粉少许、葱花和黑芝麻适量。

Method

❶ 加热平底锅放少许油，将饺子煎至金黄。

❷ 倒入5mm左右高的开水，盖上锅盖，小火至水收干（约3分钟）。

❸ 鸡蛋打散，加入盐和白胡椒粉搅拌均匀，倒入平底锅，加盖继续小火煎至蛋液凝固（约2分钟）。

❹ 最后撒上葱花、黑芝麻就可以出锅啦！

迷你蛋包饺

汤圆仙豆糕

Ingredients

手抓饼2张、大汤圆6个、小汤圆4个、黑芝麻酱少许。

Method

❶ 手抓饼室温下软化分别切成4份和6份；一张手抓饼包4个大汤圆，另一张手抓饼包2个大汤圆4个小汤圆（汤圆无须解冻）。

❷ 加热平底锅，转小火，放入包好的汤圆，每煎一面都轻轻按压，最后煎至六面金黄。

❸ 用筷子蘸上黑芝麻酱，点上数字就是可以吃的骰子啦！

Tips

一张手抓饼包4个大汤圆或6个中等大小的汤圆或 8～12个小汤圆，越大的汤圆越不易熟，煎的时间要适当久一点。

小鸡肉松饭团

Ingredients

米饭1碗、熟鸡蛋黄2个、胡萝卜1小段（制作鸡冠）、玉米粒少许（用制作嘴巴）、肉松适量、沙拉酱适量、海苔1片（制作眼睛、鸡爪）、番茄酱少许（制作腮红）、盐和胡椒粉少许。

工具：压花模具、保鲜膜、镊子。

Method

❶ 鸡蛋煮熟取蛋黄，胡萝卜和玉米粒一同煮熟。

❷ 把蛋黄碾碎，加入米饭、盐、胡椒粉，搅拌均匀。

❸ 在饭团中加入适量沙拉酱和肉松，用保鲜膜包好后用手固定成三角的形状。

❹ 用模具将胡萝卜压出鸡冠；玉米粒做嘴巴；把海苔剪出眼睛、腰线、脚爪；用番茄酱点出腮红。

Tips

小鸡造型最难的在于五官的形态和比例。

面面俱到
Noodles and Pasta

虾仁葱油拌面

Ingredients

（1~2人份）

荞麦面100g、虾仁10只、葱花少许。

葱油酱汁：葱油3勺、生抽15g、老抽5g、蚝油5g、糖3g、蒜1瓣、白芝麻5g、小米辣少许（或不放）。

Method

❶ 炸葱油：倒入约100mL的食用油，放入葱段，中小火煎至焦褐色，将葱取出。

❷ 在空碗内放入蒜末、小米辣、白芝麻、倒入葱油激发香味，再放入其他调料搅拌均匀。

❸ 锅里留底油，将虾仁煎至变色盛起备用。

❹ 水沸后放入荞麦面煮5分钟后捞出，沥干水分。加入虾仁、调料翻拌均匀，最后放点葱段，撒上葱花即可。

宜宾燃面

Ingredients

碱水面1份、肉臊3勺、花生碎2勺、生抽1勺、红油2勺、鸡精少许、葱花1勺、白芝麻少许。

肉臊：猪肉糜200g、芽菜50g、蒜末1勺、姜末1勺、葱花1勺、生抽1勺、老抽半勺、花椒1小把、糖少许。

Method

❶ 花生去皮，放保鲜袋里用擀面杖碾碎；芽菜泡水后挤出多余水分备用，蒜姜葱切末。

❷ 热锅起油，六成热时放入花椒，将其炸变色后捞出；接着放入猪肉糜，炒散后加入姜末、蒜末、芽菜、生抽、老抽、糖，翻炒三分钟左右出锅。

❸ 水沸后下面，沸腾后加两次凉水，捞起沥干。

❹ 碗里放入生抽、红油、鸡精，将燃面搅拌均匀，再舀入肉臊、花生碎、葱花，搅拌均匀开吃！

燃面是四川省宜宾市最具特色的小吃，被称为“川南面魂”，因其油重无水，点火即燃，故名燃面。其特点是松散红亮，香味扑鼻，辣麻相间，油重无水，味美爽口。

番茄肉酱意面

Ingredients

（2人份）

意面80g、牛肉糜（或猪肉糜）100g、番茄200g、白洋葱30g、意式番茄酱50g、黄油10g、帕玛森奶酪碎适量、黑胡椒粉和盐少许、罗勒叶（点缀用）。

Method

❶ 番茄切小块，洋葱切末，在沸水中加入1勺盐下意面煮10分钟，捞出意面沥干备用。

❷ 加热平底锅，放入黄油，待黄油融化冒泡时，倒入牛肉糜炒散，炒至变色，盛出备用。

❸ 黄油打底，爆香洋葱末，放入番茄块煸炒至出沙，加5勺意式番茄酱翻炒均匀，倒入一小碗水，将番茄块煮软后，加入炒熟的牛肉糜炒匀，再加少许盐、黑胡椒粉调味。

❹ 装盘，现磨点帕玛森奶酪碎，再点缀上罗勒叶就可以享用啦！

罗勒青酱意面

Ingredients

意面50g、罗勒青酱30g、松子仁适量、帕玛森奶酪碎适量、罗勒叶（点缀用）。

罗勒青酱（可做6~8人份意面）：罗勒40g、松子仁15g、大蒜1瓣、帕玛森奶酪50g、初榨橄榄油80mL、柠檬汁5g、盐少许。

Method

❶ 热锅少油，倒入松子仁翻炒至变色，将奶酪刮成屑，意面煮熟沥干备用。

❷ 在料理机中放入松子仁和大蒜打成末，再加入罗勒叶和橄榄油打成泥，接着加入奶酪碎、柠檬汁和少许盐搅拌均匀即可。

❸ 在意面中加入2~3勺青酱拌匀，再撒上松子仁和奶酪碎就可以享用啦！

Tips

做好的罗勒青酱要用密封瓶封装，用少量橄榄油封层，一周内食用完毕。

罗勒青酱是意大利常见的一款调味酱，其突出的甜罗勒风味，以及坚果、奶酪的香气都使这款酱独具特色，让人久久回味。

叻沙（Laksa）是马来西亚和新加坡的特色面食，味道层次特别丰富，可以尝到酸、甜、咸、辣、鲜五种味道。它就像一张具有东南亚风情的明信片，带你从舌尖感受椰林、沙滩和阳光。

南洋叻沙

Ingredients

油面、鲜虾、虾丸、豆腐泡、鸡蛋、豆芽、青柠檬。

汤底：鸡骨、虾头（15个）、叻沙酱50g、椰子粉40g、辣酱20g、鱼露10g、香菜根适量。

Method

【汤底】

❶ 鸡骨焯水，再热一锅水，放入鸡骨、香菜根，慢火煮大约2小时。

❷ 热锅起油，爆香虾头。

❸ 将虾头和适量香菜根放入鸡汤，继续煮20分钟，过滤掉材料，留下汤汁。

❹ 在汤中放入适量的椰子粉，再放入叻沙酱，煮十分钟，再加入辣酱和鱼露调味。

【叻沙面】

❶ 鸡蛋煮熟、鲜虾开背去虾线、豆腐泡对切、豆芽洗净沥干备用。

❷ 另取一锅水烧开后下油面，煮熟后捞起放入碗中，再汆烫豆芽。

❸ 在叻沙汤中烫熟油豆腐泡、鱼丸和鲜虾，捞出放入碗中摆盘，最后浇上适量叻沙汤即可。

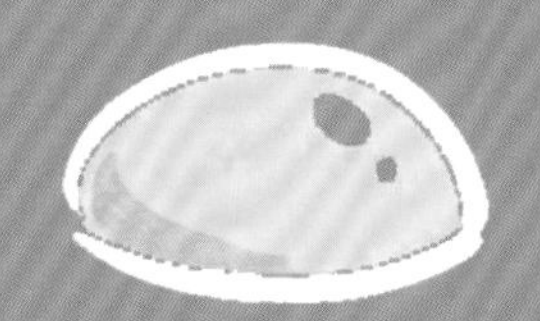

Chapter 4

花样烹蛋

水煮蛋
Boiled Egg

妥妥的低脂高蛋白，饱腹感也特别强，

超可爱，一学就会！

迷你牛肉鸡蛋汉堡

牛肉饼

（6个迷你牛肉饼的量）

牛肉糜100g、洋葱30g、半个鸡蛋的蛋液、生抽半勺、淀粉半勺、盐和黑胡椒少许。

Method

❶ 洋葱切碎，下锅炒熟，倒入牛肉糜，加入蛋液、生抽、盐、黑胡椒、淀粉，顺着一个方向不停地搅拌使牛肉糜上劲。

❷ 在一次性手套上倒点儿油，舀一勺牛肉糜（约30g），按压成饼。

❸ 加热平底锅，喷少许油，放入牛肉饼，两面煎至金黄。

汉堡

迷你牛肉饼3个、白煮蛋3个、小番茄6片、芝麻菜适量、车达芝士1片、火腿3片、蜂蜜芥末酱适量。

Method

❶ 把白煮蛋对半切开，依次放上白煮蛋、芝麻菜、蜂蜜芥末酱、小番茄、迷你牛肉饼、蜂蜜芥末酱、芝士片、白煮蛋。

❷ 把火腿片折成蝴蝶结，插上竹签即可，吃前可以用微波炉加热30秒，口感更佳。

鸡蛋沙拉黄瓜卷

Ingredients

土豆1个、胡萝卜半根、鸡蛋2个、玉米粒1小把、蟹柳1根、低卡沙拉酱和蜂蜜芥末酱适量、盐和胡椒粉少许、薄荷叶（装饰用）。

Method

❶ 先把土豆、胡萝卜切块蒸熟压成泥，加入煮熟的鸡蛋，继续压碎，加入玉米粒、蟹柳、低卡沙拉酱、蜂蜜芥末酱、盐、胡椒粉，继续搅拌均匀。

❷ 把黄瓜擦成片，重叠摆在一起，吸掉多余的水分。

❸ 在黄瓜片上铺满土豆鸡蛋沙拉，从一边卷起，切成小段，用沙拉和薄荷叶作为点缀或者直接开吃！

低卡低脂，清爽可口，冷热皆可，
超适合“减脂星人”。

蒜香蘑菇温泉蛋三明治

Ingredients

可生食蛋1个、面包2片、口蘑8个、大蒜20g、黄油10g、淡奶油适量、欧芹或香葱适量、盐少许、黑胡椒粉少许。

Method

❶ 煮温泉蛋：烧开三杯水，关火后再加入一杯冷水，此时打入鸡蛋，利用余温焖15分钟。

❷ 口蘑切块，大蒜、欧芹切末。

❸ 热锅，多倒些橄榄油，把蘑菇翻炒上色，再加黄油和大蒜，加少许水和淡奶油，用盐和黑胡椒粉调味，小火把汤汁收至浓稠，撒入欧芹或香葱，出锅备用。

❹ 喷少许橄榄油，将吐司或欧包烘到焦脆。

❺ 最后再组装一下，就完成了！吃的时候把温泉蛋戳破，让几种口味混合在一起，是非常令人幸福和满足的口感。

班尼迪克蛋

Ingredients

可生食蛋3个、烟熏三文鱼2片、菠菜适量、英式马芬1个、黄油50g、柠檬汁适量、白醋适量、盐和黑胡椒粉少许。

水波蛋

❶ 鸡蛋磕入碗里，滴几滴白醋。

❷ 烧开一锅水，放入2勺白醋，微沸状态下用勺子搅出旋涡。

❸ 然后将碗接近水面，把鸡蛋轻轻地倒入旋涡中心，煮3分钟捞出，然后放凉水断热备用。

荷兰酱

❶ 隔水加热，融化黄油。

❷ 碗中按比例加入蛋黄、水、柠檬汁和盐，隔水加热，不断搅拌，中途可以离火继续搅拌（控制温度是关键），搅拌至蛋液变成沙拉酱般的浓稠状。

❸ 把融化好的温热黄油慢慢拌入酱汁中，荷兰酱就完成了。

其他食材组合

肉类：烟熏三文鱼、利比亚火腿、美式培根等。

蔬菜：菠菜、芦笋、蘑菇等。

面包：英式马芬、吐司、欧包等。

Tips

❶ 制作荷兰酱的关键在于搅拌蛋黄时，一定要控制好温度，一旦过热蛋黄就凝固了。

❷ 黄油我已减量，如果想做低卡荷兰酱可以换成酸奶，或是用南瓜酱替代。

周末一边晒着太阳，
一边给自己做一份精致的早午餐，
这是再幸福不过的事了。

印花卤蛋

Ingredients

鸡蛋10个、八角1个、香叶4片、桂皮1块、生抽20g、老抽10g、冰糖15g、盐3g、红茶3g、香菜适量、纱布和棉线适量。

Method

❶ 鸡蛋煮熟（冷水下蛋，水烧开后煮8分钟），过冷水，剥皮备用。

❷ 将八角、香叶、桂皮、红茶做成料包，放入冷水中，加入生抽、老抽、盐、冰糖，煮至沸腾。

❸ 叶子洗净，选择品相好点的叶子，贴在鸡蛋上，用纱布包好，棉线扎紧（打结的一面贴在叶子的背面）。

❹ 放入包好的鸡蛋，中小火煮10～15分钟，关火放凉，浸泡过夜。

❺ 最后取出鸡蛋，去掉纱布，洗净叶子，就是见证奇迹的时刻啦！

蛋花酒酿

Ingredients

（2人份）

鸡蛋2个、小汤圆50g、红糖10g、藕粉10g、酒酿适量、枸杞一小把、水500mL。

Method

❶ 先烧开一小锅水，放入小汤圆。

❷ 汤圆浮起后加入酒酿、枸杞、红糖或冰糖，再调入用藕粉勾的芡汁。

❸ 鸡蛋打散，转小火倒入，边倒边搅拌，倒完立即关火，趁热倒入碗中，丝滑爽口！

蒸蛋
Steamed Egg

日式茶碗蒸

Ingredients

（2碗的量）

鸡蛋3个、虾仁4只、香菇1朵、秋葵1根、味淋10g、日式淡口酱油10g、木鱼花1小把。

Method

❶ 水和木鱼花放入小锅中，煮开后熄火，捞出木鱼花，汤汁留用。虾仁汆烫至熟后捞出备用；香菇和秋葵在沸水中汆烫后切片备用；鸡蛋磕入碗中。

❷ 木鱼花汤温度降至温热时放入鸡蛋中，调入味淋和日式淡口酱油，搅拌均匀后过筛两次。

❸ 将蒸碗加盖（或保鲜膜），放入已经上汽的蒸锅，中火蒸7分钟，然后在碗面放上虾仁、蘑菇片和秋葵片，继续蒸3分钟即可。

肉饼子炖蛋

Ingredients

猪肉糜（三肥七瘦）200g、生咸鸭蛋1个、生抽10g、料酒5g、葱姜水20g、糖和白胡椒粉少许、香油和香菜适量。

Method

❶ 将生抽、料酒、糖、白胡椒粉放入肉糜中，用手抓匀；多次少量倒入葱姜水，搅拌均匀，再倒入咸鸭蛋蛋白液，继续搅拌至肉糜上劲。

❷ 把肉馅平铺在碗里，用勺子背面压一个坑，咸蛋黄放在中间。

❸ 上蒸锅，水开后蒸10分钟。

❹ 最后淋几滴香油，放上香菜装饰即可。

Tips

❶ 咸鸭蛋本身的咸味就足够了，不需要再放盐。

❷ 也可用鸡蛋来做这道菜，最后可以在蛋黄上淋少许豆豉油调味。

老上海肉饼子炖蛋，这是许多上海人的童年记忆，

也是一道营养价值杠杠的美味佳肴。

一勺下去，混合了蛋清的肉泥，软嫩、细腻，加上香咸的蛋黄，

几种不同的口感却很融洽地交融在一起，味道……简直美妙！

夹心蒸蛋南瓜盅

Ingredients

贝贝南瓜1个、牛油果半个、鸡蛋1个、藜麦、玉米粒适量、牛奶20g、盐和胡椒粉少许、奇亚籽和黑胡椒粉（装饰用）。

Method

❶ 藜麦提前浸泡2小时；大火上汽后，放入南瓜和玉米蒸10分钟。

❷ 同时煮熟藜麦（冷水放入藜麦，加几滴食用油，转中火煮10～12分钟），牛油果捣成泥，玉米取粒，鸡蛋打散加入牛奶、盐、胡椒粉，搅拌均匀；南瓜在顶部切一刀，把中间挖空。

❸ 依次铺入藜麦、玉米粒、牛油果泥，每层铺平压紧实后，过筛倒入蛋液。

❹ 最后盖上盖子，上锅蒸12～15分钟，最后撒点奇亚籽、黑胡椒粉装饰。

Tips

❶ 注意食材顺序，最后一层是牛油果泥，阻断蛋液渗透，截面会更好看。

❷ 用南瓜蒸蛋，因为容器较厚，要比传统蒸蛋时间更久一点。

花式蒸蛋

一见钟情

蛋羹：鸡蛋3枚（蛋水比例1：1.5）、红曲粉2g。

花（山药泥+低卡沙拉酱+海盐） 叶子（藿香） 秆（黄瓜皮）

调味汁：豆豉油+香油+温水。

Method

❶ 鸡蛋打散；温水中调入红曲粉，搅拌均匀后倒入蛋液中，搅拌均匀过筛。

❷ 盖上保鲜膜，上锅中火10分钟，焖3分钟。

❸ 山药蒸熟压成泥，加入适量沙拉酱和少许海盐，搅拌均匀。

❹ 先在模具内刷一层食用油，再填入山药泥，压出玫瑰花，放在铲子上，推入蛋羹内。

❺ 再放上茎和叶，调个汁儿，完工！

郁金香

鸡蛋3枚、蛋水比例1：1.5、盐少许、圣女果（花朵）、黄瓜（叶子）。
调味汁：豆豉油+香油+温水。

欣欣向荣

鸡蛋3枚、蛋水比例1：1.5、火腿肠（花心）、玉米粒（花瓣）、黄瓜（叶子/草地）、黑芝麻（葵花籽）。

调味汁：豆豉油+香油+温水。

煎蛋

Fried Egg

双丝烘蛋

Ingredients

红薯80g、胡萝卜80g、鸡蛋2个、面粉20g、香菜1棵、五香粉和盐少许、亚麻籽适量。

Method

❶ 胡萝卜和红薯分别切丝，香菜切碎，鸡蛋打散加面粉、五香粉、盐、亚麻籽、香菜，搅拌均匀备用。

❷ 加热平底锅，倒少许油，放入胡萝卜丝和红薯丝，炒至微软时倒入蛋液，将双丝拨均匀。

❸ 小火煎约3分钟，待蛋液凝固后，翻面再煎2分钟即可出锅。

Tips

类似的做法还可以用土豆丝来做。

舒芙蕾欧姆蛋

Ingredients

鸡蛋3个、口蘑适量、淡奶油10g、黄油5g、芝士碎适量、糖、盐、黑胡椒粉少许、欧芹少许。

Method

❶ 热锅倒橄榄油，放入口蘑、蒜片，炒至变色后，加入盐、黑胡椒粉、欧芹碎，翻炒备用。

❷ 蛋清、蛋黄分开，蛋黄里加点奶油、盐搅拌均匀；蛋清加一点糖打发，有个尖角即可。

❸ 舀1/3蛋清加入蛋黄，拌匀了倒回去翻拌均匀（动作快一点，防止消泡）。

❹ 平底锅里加点油，倒入蛋液，盖上锅盖，中小火焖两分钟左右，用刮刀试试，感觉底部凝结了，塞一小块黄油到下面去，转一转锅，撒一点芝士碎、黑胡椒粉。

❺ 滑到盘子里折叠一下，最后再撒点欧芹、芝士碎就完成了。

如何把五毛钱的鸡蛋做出五十块的效果，
奶香奶香，咸甜咸甜，
口感如云朵般的松软绵密。

低脂低卡，
营养又美味的鲜虾蛋饼塔可，
软嫩咸鲜，
好吃到停不下来。

虾仁蛋饼 Taco

Ingredients

（做6~8个的用量）

虾仁6~8只、鸡蛋2个、西葫芦1根（约200g）、低脂芝士片2片、盐和黑胡椒粉少许、全麦粉15g。

Method

❶ 虾仁加料酒、盐、黑胡椒粉，腌制片刻。

❷ 西葫芦擦成丝，加少许盐腌5分钟，挤出水分不用倒掉。

❸ 磕入两枚鸡蛋，加黑胡椒粉和全麦粉，搅拌均匀。

❹ 热锅刷油，将虾仁煎至变色备用。

❺ 再次热锅刷油，倒入蛋液，加盖焖1分钟。

❻ 蛋液基本凝固时转小火，放上芝士片、虾仁，将蛋饼折叠过来，用铲子帮助定形。

❼ 可以直接开吃，或是蘸上喜欢的酱料啦！

虾扯蛋

Ingredients

鲜虾12只、鹌鹑蛋12个、低筋粉50g、澄粉10g、泡打粉2g、清水90g、盐和黑胡椒粉少许、沙拉酱适量。

Method

❶ 碗中放入低筋粉、澄粉、泡打粉、盐，加水搅拌至无颗粒状，静置半小时。

❷ 基围虾去头去壳，保留尾巴连接虾肉备用。

❸ 中火加热丸子盘模具，刷上油，倒入面糊，占模具三分之一。

❹ 放上虾，露出虾尾，打入鹌鹑蛋，盖上锅盖焖5~8分钟。

❺ 待蛋黄和蛋白凝固时出锅，挤上沙拉酱，撒上适量黑胡椒粉。

Tips

注意控制面糊的用量、虾的大小，不然加了鹌鹑蛋之后，很容易溢出来。

通红的虾尾吊着金黄完整的鹌鹑蛋，
外层面糊略酥脆，虾弹弹得很是鲜美，
蛋滑滑嫩嫩充满了生命力，
咬一口下去，嚼劲中透着柔软，又酥又鲜美！

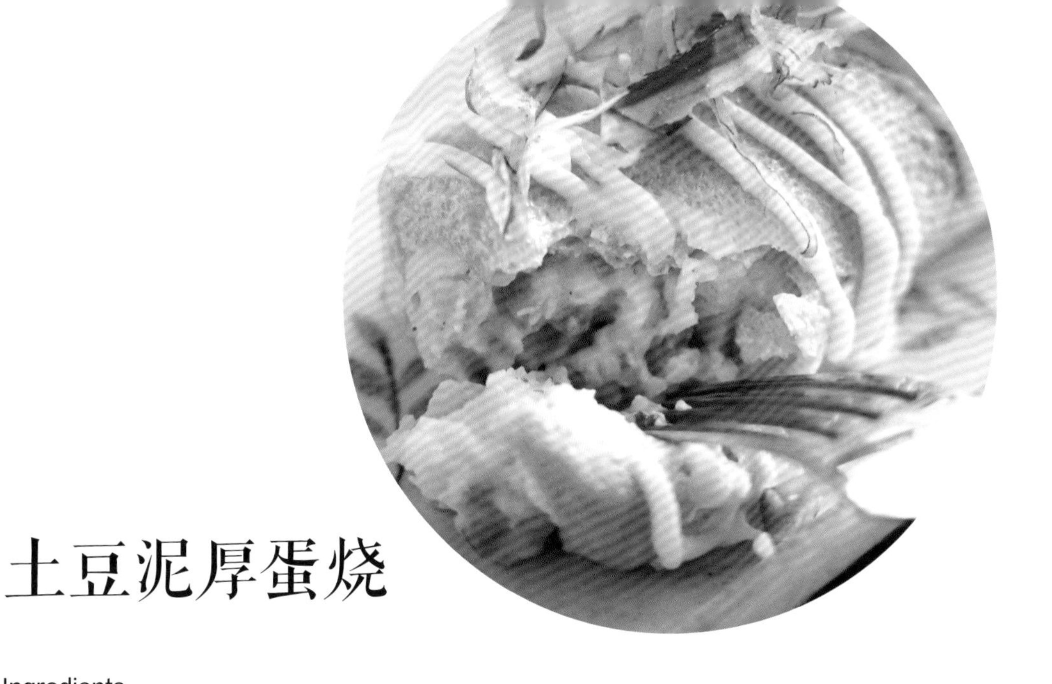

土豆泥厚蛋烧

Ingredients

鸡蛋2个、土豆100g、火腿肠20g、黄瓜20g、牛奶30g、盐和黑胡椒粉少许、低卡沙拉酱适量、木鱼花适量。

Method

❶ 土豆去皮切块，放入加盐的沸水中煮12~15分钟（筷子可轻松插入即可）。火腿和黄瓜切小丁，在鸡蛋液中加20g牛奶和盐打散并过筛（蛋皮更均匀细腻）。

❷ 煮熟的土豆压成泥，加入火腿丁、黄瓜丁、5g低卡沙拉酱、10g牛奶、少许盐和黑胡椒粉，翻拌均匀。

❸ 铺一张保鲜膜，将土豆泥用手压成长条形。

❹ 热锅刷油，转小火，倒入1/2的蛋液，晃动平底锅使蛋液均匀铺开，接着放入土豆泥，待蛋液凝固时用硅胶铲将其从一侧翻动到另一侧。

❺ 将蛋卷推至原位，再次刷油，倒入剩下的蛋液并均匀铺开，继续翻动，最后推至锅边定型出锅。

❺ 淋上低卡沙拉酱，再撒点木鱼花装饰即可。

意式家庭蛋饼

Ingredients

虾仁10只、圣女果10颗、鸡蛋3个、香菇3朵、洋葱30g、菠菜叶一小把、帕玛森芝士适量、盐和黑胡椒粉少许。

Method

❶ 虾仁用黑胡椒盐腌制15分钟，切一小把菠菜叶，香菇切片，圣女果对半切开，洋葱切丁，鸡蛋加盐、黑胡椒粉打散。

❷ 热锅放油，放洋葱炒香，加入香菇煸炒至变色、变软，再放入虾仁和圣女果，继续翻炒至有汤汁的状态，加入菠菜翻拌变软。

❸ 将食材整理一下，倒入蛋液，全程小火（为了使成品更好看，可以在顶面再放几颗圣女果），加盖烘熟蛋饼。

❹ 最后撒一点帕玛森芝士，就可以开动啦。

来自意大利的家庭蛋饼Frittata，
15分钟就可以搞定，
不仅颜值高，
而且营养全面。

烤蛋

Baked Egg

在吐司中央打一枚鸡蛋，经过烤制，做成吐司太阳蛋，
还可以在里面放点火腿、杂蔬、芝士……
蛋白质、碳水化合物、矿物质就都有了，有颜值，有担当。

太阳蛋烤吐司

Ingredients

鸡蛋1枚、吐司2片、马苏里拉芝士、香甜沙拉酱、肉松适量。

Method

❶ 取一片吐司，放上沙拉酱和肉松。

❷ 另一片吐司先用勺子把中间压扁，磕入一枚鸡蛋，周围撒上马苏里拉芝士。

❸ 放入烤箱，180度，烤20分钟即可。

口蘑烤蛋

Ingredients

口蘑10朵、鹌鹑蛋10个、车达芝士半片、盐和黑胡椒粉少许、欧芹或香菜适量、帕玛森芝士适量。

Method

❶ 口蘑去蒂，小点的口蘑可将里面用小勺挖深一点。

❷ 将芝士片切成小块，放入口蘑，磕入鹌鹑蛋（留少许蛋清），撒少许盐、黑胡椒粉、欧芹或香菜碎、帕玛森芝士。

❸ 放入烤箱，160度，烤15分钟。

韩国街头爆火的鸡蛋糕，
免打发，免发酵，面糊只需要搅一搅，
食材就根据自己的口味，
随意发挥就好！

韩国鸡蛋糕

Ingredients

（模具12×7×3厘米，做3个的用量）

低筋面粉100g、鸡蛋4个、火腿30g、黄油10g、糖5g、泡打粉3g、牛奶100mL、马苏里拉芝士适量、番茄酱和沙拉酱适量。

Method

❶ 低筋粉+1个鸡蛋+糖+泡打粉+牛奶，搅拌成面糊，倒入融化的黄油继续搅拌均匀。

❷ 模具内刷一层薄油，面糊倒入模具（七分满），磕入1个鸡蛋，撒点马苏里拉芝士、火腿粒。

❸ 淋上沙拉酱和番茄酱。

❹ 放入烤箱中，200度，烤20分钟左右，取出后脱模即可。

Tips

配料可以随自己的口味替换，还可以放入培根、肉松、葱花……

北非蛋

Ingredients

可生食蛋1个、番茄罐头300g（或新鲜番茄+番茄酱）、洋葱50g、火腿30g、甜椒30g、蒜3瓣、香菜适量、孜然3g、红椒粉3g、盐和黑胡椒粉少许。

Method

❶ 洋葱、甜椒、火腿切丁、蒜和香菜切末。

❷ 面包片放入烤箱，180度，5分钟。

❸ 取小口铸铁锅，热锅起油，爆香洋葱末蒜末，放入火腿和红椒丁，翻炒均匀。

❹ 倒入番茄罐头，加入孜然、红椒粉、盐、黑胡椒粉，翻炒均匀，在中间压个坑，打入鸡蛋，转中小火加盖煮至蛋白凝固（约5分钟）。

❺ 最后撒点香菜末/欧芹末/葱末，盐和黑胡椒粉即可，吃之前将蛋黄戳破搅拌一下，配上烤脆的面包片就可以享用啦！

Tips

❶ 番茄罐头味道浓郁，色泽鲜艳，比新鲜番茄更快捷方便，很适合做北非蛋。

❷ 除了鸡蛋、番茄、洋葱必不可少，其他配料和佐料可以自由发挥。

北非，并没有北非蛋。

这是一道中东风味的菜肴，名叫Shakshuka，

就是在炖烂的番茄中敲颗鸡蛋进去，

半生不熟的状态再撒点芝士和调味料，

好做又好吃！

传统苏格兰蛋是用鸡蛋裹住肉馅，
再裹一层面包糠油炸而成的。
这种热量炸弹肯定不适合减脂小仙女啦，所以我做了改良版，
用红薯泥裹住鸡肉、鸡蛋烘烤，无油炸，低卡，有饱腹感。

红薯苏格兰蛋

Ingredients

（做2个的用量）

红薯200g、鸡腿肉150g、鸡蛋2个、蚝油10g、淀粉10g、盐和黑胡椒粉少许、番茄酱（装饰用）。

Method

❶ 鸡胸肉用绞肉机搅碎，加入蚝油、淀粉、盐、黑胡椒粉，搅拌均匀；红薯蒸熟压成泥；鸡蛋煮熟去壳（溏心蛋水开后煮6~7分钟）。

❷ 碗里放保鲜膜，放入适量红薯泥铺平，再放入鸡胸肉铺平，最后放入鸡蛋。

❸ 把保鲜膜收紧，补适量鸡胸肉，再补适量红薯泥，把保鲜膜拧紧。

❹ 红薯球表面刷适量橄榄油，放入烤箱，170度，烤30分钟。

❺ 对半切开后撒少许黑胡椒粉，淋番茄酱装饰。

Tips

鸡腿肉比鸡胸肉口感更嫩，去皮后热量也不会高很多，可以买现成的、去骨去皮的鸡腿肉来做。

什锦面皮蛋杯

Ingredients

鹌鹑蛋6个、春卷皮6张、培根、洋葱、彩椒、杏鲍菇共300g、香甜沙拉酱适量、橄榄油10g、盐和黑胡椒碎少许、嫩叶（装饰用）。

Method

❶ 香肠、洋葱、彩椒、杏鲍菇切成小丁备用。

❷ 平底锅中倒入橄榄油，大火加热至六成热，放入香肠煸炒至出油，放入其他蔬菜翻炒，调入盐和黑胡椒碎，盛起备用。

❸ 模具里抹一层油，春卷皮切成适当大小，压入模具中。

❹ 中间放入馅料抹平，在顶端磕上一枚鹌鹑蛋，周围挤一点沙拉酱。

❺ 送入烤箱下层，180度，烤20分钟（注意观察蛋杯的颜色，中途可以覆盖锡箔纸以免烤过头）。

❻ 出炉后撒上嫩叶和黑胡椒碎即可。

Tips

春卷皮是首选，如果没有，可叠放两层抄手皮（叠合的部分抹点清水）也没有问题，前者更薄、更脆，成品效果也更漂亮一些。

卡通蛋
Cartoon Egg

鸡蛋布丁狗

Ingredients

鸡蛋2个、低卡沙拉酱适量、盐和黑胡椒粉少许、蓝莓（帽子）、芝士片（耳朵、包包）、黑芝麻酱（眼睛、嘴巴）、番茄酱（腮红）。

天使蛋

Ingredients

鸡蛋4个、蛋黄酱20g、盐和黑胡椒粉少许、胡萝卜、黑豆、西蓝花（装饰用）。

Method

❶ 鸡蛋煮全熟去壳备用，西蓝花、胡萝卜煮熟备用。

❷ 把鸡蛋底部切平，方便立着摆放，再用造型刻刀将鸡蛋从顶部三分之一处分开，做帽子。

❸ 挖出蛋黄，加蛋黄酱、黑胡椒粉、盐，搅拌均匀，再放回下半部分的蛋中，用叉子撮出小鸡毛茸茸的质感，盖上帽子。

❹ 最后用胡萝卜做嘴，黑豆做眼睛，西蓝花做窝。

玉兔蒸蛋羹

Ingredients

鸡蛋4个、鹌鹑蛋、芦丁鸡蛋适量、胡萝卜半根、温水300mL（蛋与温水的比例为1：1.5）、盐少许、番茄酱少许（点眼睛用）。

Method

❶ 胡萝卜去皮切薄片；取一口锅放凉水，将鹌鹑蛋、芦丁鸡蛋轻轻放入，烧开后转小火煮3分钟，捞出过凉水方便剥壳。

❷ 继续放入胡萝卜片，煮2~3分钟，捞起沥干备用。

❸ 将鹌鹑蛋的一侧切掉一点（这样兔子就可以坐稳了），然后在顶部斜切一刀，切下来的部分，用刀尖划去一个三角形，作为兔子的耳朵，再用牙签平的一头给兔子戳上眼窝，用番茄酱点上眼睛，可爱的小玉兔就完成啦！

❹ 将煮软的胡萝卜一片一片叠放好，大约15片左右，从一头轻轻卷起，在偏离中间一点的位置切开，就变成大小两朵玫瑰花。

❺ 来做蒸蛋羹，打入4枚鸡蛋，加入1.5倍的温水（凉水会有蜂窝），少许盐（有助于蛋液凝固），搅拌均匀后过筛到一个深盘中，用勺子撇去多余的浮沫，盖上保鲜膜，放入蒸锅，中火蒸15分钟。

❻ 蒸蛋的时候调点酱汁，两勺豆豉油、两勺温水和少许香油，搅拌均匀，然后淋在蛋羹上，就大功告成啦！

Tips

蒸蛋嫩滑的要领：蛋水比例为1：1.5~1：2，温水，充分搅拌，过筛，覆保鲜膜或盘子，中火蒸。

肖恩的春天

Ingredients

鸡蛋3枚、蛋与菠菜汁的比例为1：1.5、盐少许、白米饭+芝麻酱（羊）、芝士片（眼睛）、菠菜、西蓝花。

调味汁：豆豉油+香油+温水。

Method

1. 用沸水将菠菜汆后加适量清水打成汁，用纱布过滤多遍得到无杂质的菠菜汁。
2. 鸡蛋打散，倒入菠菜液和少许盐，搅打均匀，过滤到大盘子中，撇去多余浮沫。
3. 用白米饭和芝麻酱捏出小羊的各个部位，用芝士片剪出眼睛。
4. 将小羊放入蛋羹内，再用西蓝花和小花点缀，搞定！

Tips

菠菜汁容易分层，需要多过滤几次，可以用纱布垫在滤网中，效果不错！

番茄鸡肉蛋包饭

Ingredients

腌制鸡肉：姜3片、料酒10g、生抽10g、奥尔良腌料10g、黑胡椒粉少许。

番茄鸡肉：鸡腿肉100g、番茄1个、洋葱30g、玉米粒10g、生抽10g、蚝油10g、番茄酱10g。

蛋包饭：米饭1碗、鸡蛋2个、火腿片（耳朵、腮红）、海苔（五官）。

工具：压花模具、剪刀、保鲜膜、镊子。

Method

❶ 鸡腿腌制15分钟，热锅起油，爆香洋葱，放入鸡腿煎至变色，加入番茄丁、玉米粒、生抽、蚝油、番茄酱，翻炒均匀，烧至番茄出水变软，装盘。

❷ 蛋白、蛋黄分别摊成饼，用模具压出蛋白花，用剪刀剪出花心，然后盖在番茄鸡肉上。

❸ 用保鲜膜包好米饭，用手捏成兔子的各个部位。

❹ 用火腿片剪出耳朵和腮红，用海苔剪出五官。

Tips

❶ 覆盖的内容可以随意替换，最好是要有酱汁的。

❷ 摊蛋饼要全程小火，稍微凝固就可以关火，用余温继续凝固。

花花福袋蛋包饭

Ingredients

（做3个的用量）

番茄炒饭：隔夜米饭、番茄1个、鸡蛋1个、蚝油5g。

蛋包饭：炒饭1碗、鸡蛋2个、水淀粉少许、火腿和黄瓜几片（装饰用）、小葱3根（捆扎用）、番茄酱（点花蕊）。

Method

❶ 先做番茄炒蛋，再加入米饭、蚝油，翻炒均匀。火腿和黄瓜切片，用模具压出花形；小葱炒沸水。

❷ 两个鸡蛋打散，加一点浓稠的水淀粉，过筛蛋液，小火摊成蛋皮。

❸ 把炒饭团成饭团，放在蛋皮中间，像包包子一样打褶包起来，用小葱给蛋皮打结，用火腿花和黄瓜花装饰，用番茄酱点上小花蕊，摆盘上桌！

Tips

❶ 蛋皮薄而韧的秘诀是在蛋液中加一点浓稠的水淀粉，过筛后蛋液细腻、均匀。

❷ 摊蛋皮的要领：先在平底不粘锅中倒入蛋液，将锅转动均匀后再用小火加热，全程小火！

Chapter 5
多彩沙拉

自制低卡沙拉酱/汁

Homemade Salad Dressing

酱汁是沙拉的灵魂。

而市面上能买到的大部分酱汁都不太健康，为了保证口味，往往含大量脂肪和糖，还有很多用于延长保质期、增加色泽的添加剂，有些热量高得离谱，甚至一小碟酱汁的热量都超过了盘里所有的菜！

酱汁的做法很简单，只要把喜欢的食材调和在一起就好了。至于选择哪些食材，其实每种食材都可归类为一种或多种味道，按酸、甜、辛、香分类如下：

酸：香醋、白醋、苹果醋、葡萄酒醋、柠檬汁、鲜橙汁……
甜：蜂蜜、木糖醇、枫糖浆、酸奶……
辛：蒜、葱、辣椒、洋葱、芥末……
香：香菜、欧芹、罗勒、薄荷、莳萝、奶酪……

根据自己的喜好，选择相应的食材混合即可。

制作沙拉酱时，如果要精准复刻，可以用电子秤称量，想要省事也可以用勺子做称量工具，注意：油水比重差异很大（10g水约1勺，10g油约一勺半）。

水油需要充分混合、乳化，可以用小瓶子摇匀，非常方便快捷；其他无油的，用小蛋抽搅拌均匀即可。

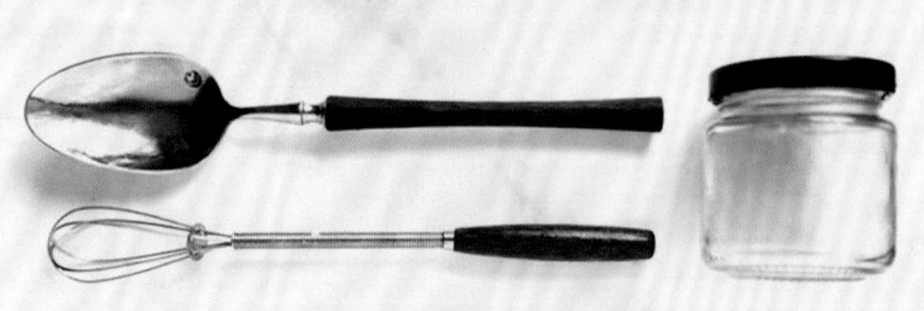

自制沙拉酱/汁常用工具

意式油醋汁

巴萨米克醋酸味醇厚浓郁，加上蜂蜜的微甜口感，是非常百搭的沙拉调料！传统油醋汁的油醋比例为3：1，我把油减去一半，加入一勺清水，热量更低，口感依然很赞！

适合配搭：各类沙拉

黑葡萄酒醋 ……………10g（1勺）
橄榄油 ……………10g（约1勺半）
纯净水 ……………10g
蜂蜜 ……………5g
盐 ……………少许
黑胡椒粉 ……………少许

低卡蛋黄酱

奶香浓郁，口感醇厚，不仅适合搭配沙拉，还可搭配汉堡，做面包抹酱等。

无菌蛋黄 ……………1个
牛奶 ……………60g
玉米淀粉 ……………3g
车达芝士片 ……………半片
柠檬汁 ……………1g
糖 ……………1g
盐 ……………少许

将蛋黄打散，加牛奶、淀粉、柠檬汁、盐、糖，搅拌均匀，锅中小火加热，加入芝士片搅拌至浓稠即可。

蜂蜜芥末酱

第戎芥末酱口感偏酸且微苦，但却能和其他食材搭配出美妙滋味。

第戎芥末酱……8g
橄榄油……5g
柠檬汁……3g
蜂蜜……10g
黑胡椒粉……少许

蒜香黑椒汁

黑胡椒的香味与很多肉类食材很搭，尤其是牛肉、鸡肉沙拉

生抽……10g
蚝油……5g
橄榄油……10g
洋葱末……10g
蒜末……5g
黑胡椒粉……3g
纯净水……少量

薄荷芒果酸奶酱

清爽开胃，搭配虾仁口感绝妙，也可以搭配水果沙拉。

酸奶……30g
芒果……20g
柠檬汁……2g
薄荷叶……1小把

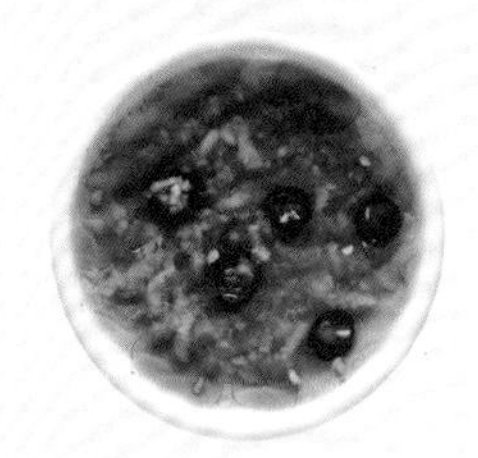

麻酱香醋汁

麻酱凤尾的经典酱汁，还可搭配鸡丝沙拉/蔬菜沙拉/中式凉拌菜等。

白芝麻酱……10g
温水……10g
生抽……5g
香醋……5g
香油……5g
红糖……少许
盐……少许
熟白芝麻……适量

蒜香牛油果泥

个人非常喜欢的一款酱，抹面包或拌沙拉都很诱人，大蒜粉或蒜蓉都可以，后者更加辛辣。

牛油果泥……30g
牛奶……10g
柠檬汁……2g
大蒜粉……1g
盐……少许
黑胡椒粉……少许

泰式鱼露汁

一款东南亚风味的沙拉汁，搭配海鲜/蔬菜/水果沙拉/越南春卷都很不错。

鱼露……5g
柠檬汁……5g
纯净水……20g
蜂蜜……5g
蒜蓉……2g
小米辣……2g

夏日轻食沙拉

Summer Salad

鸡扒鲜嫩多汁，橙子、番茄酸甜开胃，冰草爽脆，藜麦弹牙，
再淋上百搭的芥末油醋汁，口感层次丰富，
是一款非常美味的夏日轻食。

嫩煎鸡扒橙香沙拉

Ingredients

鸡腿扒1片、橙子半个、冰草50g、小番茄50g、藜麦30g、松仁适量。

蜂蜜芥末酱：橄榄油10g、第戎芥末酱8g、柠檬汁2g、蜂蜜10g、盐和黑胡椒粉少许。

Method

❶ 鸡扒提前解冻，小番茄对半切开，橙子去皮去膜，调好沙拉酱汁，拌沙拉。

❷ 中火煎鸡扒至两面至金黄，切块，装盘，淋点剩余的沙拉酱，再撒上松仁。

Tips

也可以换成生鸡胸或生鸡腿提前腌制，现成鸡扒省事很多，如果要减少脂肪的摄入，鸡皮也可以不吃。

南法尼斯沙拉

Ingredients

（2人份）

罐头金枪鱼80g、鸡蛋2枚、小番茄100g、土豆100g、生菜60g、四季豆/豇豆60g、洋葱20g、蓝莓适量。

法式油醋汁：第戎芥末酱10g、红酒醋10g、蜂蜜10g、柠檬汁3g、橄榄油15g、盐和黑胡椒粉适量。

Method

❶ 鸡蛋、四季豆、土豆煮熟（10~15分钟），鸡蛋、土豆过凉水，去皮/壳。

❷ 鸡蛋、土豆切块，四季豆切段，洋葱切细丝，加入沙拉酱搅拌均匀。

❸ 点缀蓝莓和坚果即可。

Tips

地道的南法尼斯沙拉要搭配橄榄，我不太喜欢橄榄的味道，就换成了蓝莓。

金枪鱼和白煮蛋搭配煮熟的小土豆等各种蔬菜，
淋上百搭的法式油醋汁，营养、低卡又美味。

非常夏天的沙拉——这几种食材的配搭，

口感实在绝妙！

鲜虾薄荷水果酸奶沙拉

Ingredients

黑虎虾8只、芒果半个、蓝莓1把、酸奶100g、柠檬汁10g、薄荷叶1把、羽衣甘蓝适量、坚果适量。

Method

❶ 水中加入姜片、料酒，烧开后放入黑虎虾，烫3分钟左右捞出放入冰水，取虾仁备用。

❷ 薄荷叶一部分切末，芒果一部分切丁剩余部分压成泥，酸奶中加入薄荷叶末和芒果泥，滴上柠檬汁，适量搅拌一下。

❸ 依次放入羽衣甘蓝、黑虎虾，淋上酱汁，放上蓝莓、薄荷叶、坚果即可。

Tips

❶ 酱汁中还可以加少许辣椒油，又是新的奇妙体验，是的，酸奶+辣酱！

❷ 想要蓝莓拍出来好看、亮闪闪，可以加热平底锅喷一点橄榄油，然后放入蓝莓滚一圈即可。

缤纷牛肉粒沙拉

Ingredients

牛肉粒80g、藜麦、彩椒、黄瓜、菠萝、紫甘蓝、苦菊共约150g。

牛肉腌制料：黑胡椒汁、橄榄油。

万能油醋汁：生抽10g、苹果醋10g、橄榄油10g、柠檬汁3g、蜂蜜5g、洋葱末5g、黑胡椒粉 3g、熟白芝麻适量。

Method

❶ 牛肉提前腌制20分钟；藜麦煮好；蔬菜切成2毫米左右的小丁；苦菊洗净沥干撕成小段；调好酱汁。

❷ 热锅中放少许橄榄油，放入牛肉粒中火煎至变色。

❸ 将所有食材和酱汁搅拌均匀。

❹ 铺上苦菊，放上搅拌好的沙拉即可。

Tips

这款沙拉冷藏2~3小时后，口感更佳！

三文鱼牛油果塔

Ingredients

三文鱼、牛油果、白藜麦、南瓜、奇亚籽、薄荷（装饰用）。

低卡蛋黄酱： 无糖或低糖酸奶30g、熟蛋黄1个、柠檬汁5g、盐、黑胡椒粉少许。

Method

❶ 煮熟藜麦（沸水中倒入少许油，中小火煮15分钟水开花即可），加入蛋黄酱搅拌均匀；南瓜蒸熟压成泥；牛油果压成泥加少许盐、黑胡椒粉、牛奶搅拌均匀；三文鱼切丁。

❷ 取一慕斯圈，中央放一个大小合适、圆柱形的物体，依次放入南瓜泥、藜麦泥、牛油果泥，每层都压紧实，再小心取出模具。

❸ 最后放上三文鱼丁，撒上奇亚籽，点缀薄荷即可。

意式布拉塔沙拉

Ingredients

意式火腿3片、布拉塔奶酪1个、无花果1个、小番茄10颗、蓝莓1小把、苦菊和芝麻菜适量。

意式油醋汁：意式黑醋10g、橄榄油10g、纯净水10g、蜂蜜5g、盐和黑胡椒碎少许。

意大利经典的Burrata Salad（布拉塔沙拉），
各种生菜打底，加上喜欢的水果，
中间塞上一颗圆鼓鼓的布拉塔奶酪球，
吃的时候用其他食材裹上奶酪来吃，大快朵颐！

KUMAR

墨西哥海鲜 Taco

Ingredients

10寸饼皮2张、虾仁6只、芒果半个、番茄半个、牛油果半个、洋葱30g、蒜2瓣、香菜2颗、盐和黑胡椒粉少许、柠檬汁5g。

虾仁腌制：盐、黑胡椒粉、蚝油、淀粉适量。

Method

❶ 虾仁腌制20分钟，番茄去皮、去籽，和芒果、牛油果都切成1厘米左右的小丁，洋葱、蒜、香菜切末。

❷ 热锅少油爆香洋葱蒜末，放入虾仁，炒至变色后加入香菜，翻炒均匀。

❸ 在炒好的配料和其他食材中加入少许盐、黑胡椒粉、柠檬汁，搅拌均匀。

❹ 用慕斯圈（或是碗）在饼皮上压三个圆。

❺ 将圆形饼皮裹成花瓣状，用牙签固定，放入烤箱烤5分钟，定形。

❻ 将搅拌好的馅料装入饼皮，即可享用啦！

爽口土豆沙拉

Ingredients

土豆150g、鸡蛋1个、黄瓜、樱桃萝卜、火腿、洋葱、藜麦、红腰豆共约100g、牛奶20~30g、蛋黄酱20g、柠檬汁3g、盐、黑胡椒粉少许、薄荷叶（装饰用）。

简易低卡蛋黄酱：低糖浓稠酸奶30g、熟蛋黄1个、柠檬汁2g、盐和胡椒粉少许。

Method

❶ 土豆蒸熟压成泥；鸡蛋煮熟后分离蛋黄蛋白，蛋白切小丁；黄瓜、樱桃萝卜切片，撒少许盐腌制，挤掉多余水分；洋葱、火腿切丝放入油锅爆香；藜麦煮熟。

❷ 土豆压成泥，加入沙拉酱、蛋黄、牛奶、柠檬汁、盐、黑胡椒粉搅拌均匀。

❸ 再混入其他食材搅拌均匀，放冰箱冷藏2小时。

❹ 装盘用红腰豆和薄荷叶点缀即可。

超级能量碗
Super Power Bowl

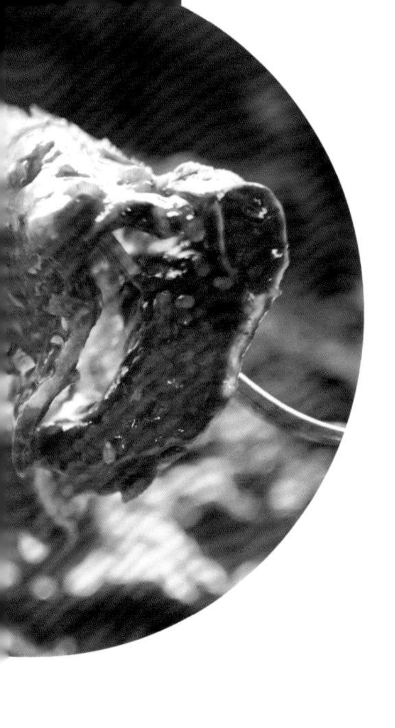

葱香牛肉能量碗

Ingredients

（1~2人份）

牛匙柄100g、可生食蛋1枚、烤南瓜50g、口蘑3个、杂粮饭100g、芝麻菜20g、鹰嘴豆20g。

牛肉腌制料：小葱3根、生姜少许、白芝麻适量、盐少许、香油20g、橄榄油1勺。

意式油醋汁：意式黑醋10g、橄榄油10g、纯净水10g、蜂蜜5g、盐和黑胡椒粉少许。

Method

❶ 口蘑切小块；南瓜切块刷少许橄榄油，撒盐、黑胡椒粉，烤箱200度，20分钟。

❷ 小葱切细，生姜磨成泥，加一勺熟白芝麻、一点盐、两勺芝麻油、一勺橄榄油，搅拌后涂均匀涂抹在牛肉片上。

❸ 锅里不用加油，直接放入牛肉片，每面煎十几秒，变色便可盛出备用，再用剩余的油煎一下口蘑，煎至每面金黄。

❹ 装盘，燕麦糙米饭铺平，芝麻菜垫底，铺上葱香牛肉。再放上口蘑、南瓜、鹰嘴豆、牛油果，最后磕入一枚温泉蛋或者可生食蛋的蛋黄。

❺ 调油醋汁，摇晃均匀，让其水油充分乳化，吃前淋上酱汁，裹上蛋液，这一碗便能满足人体所需的全部营养，超美味的减脂餐！

黑椒牛排能量沙拉

Ingredients

牛排1块，紫甘蓝、牛油果、西柚、羽衣甘蓝、核桃、藜麦总量约150g，迷迭香少许。

蒜香黑椒汁：生抽10g、蚝油5g、橄榄油10g、洋葱末10g、蒜末5g、黑胡椒粉3g、纯净水少量。

Method

❶ 煮好藜麦，紫甘蓝切丝加盐腌制一会儿，再挤掉多余水分；撕碎羽衣甘蓝，加入少许橄榄油将其揉搓变软；牛油果切片，西柚切小块。

❷ 牛排放盐、黑胡椒粉和适量橄榄油腌制片刻，热锅融化一小块黄油，放入牛排和迷迭香，中火将牛排煎至两面金黄，盖上锡箔纸静置5分钟后再切长条备用。

❸ 在盘中均匀地放上蔬果，铺上牛油果片和牛排，淋上酱汁，搅拌均匀即可。

经典的照烧鸡腿配上爽口蔬菜，低卡又满足~

照烧鸡腿田园沙拉

Ingredients

鸡腿2只、芝麻菜30g、圣女果10颗、葵花籽和杏仁片适量、白芝麻少许。

照烧汁： 生抽1勺、老抽半勺、料酒半勺、蚝油半勺、蜂蜜半勺、柠檬1片。

低卡意式油醋汁： 橄榄油1勺、纯净水1勺、黑醋半勺、蜂蜜半勺、盐和黑胡椒少许。

Method

❶ 鸡腿去骨，在内侧横向划两刀（防止煎时回缩），加入照烧汁，腌制30分钟。

❷ 芝麻菜洗净，圣女果对切，调好油醋汁。

❸ 热锅倒入少许橄榄油，鸡皮朝下放入鸡腿，煎至金黄后翻面，放入照烧汁（连同柠檬片一并放入），再倒入少许热水，盖上锅盖焖煎至汁水收至浓稠。

❹ 拌好沙拉，鸡腿切块，装盘，撒点葵花籽、杏仁片和白芝麻，即可开吃。

考伯沙拉

Ingredients

鸡胸肉80g、煮鸡蛋1个、培根1片、牛油果半个、小番茄60g、洋葱30g、球生菜100g。

麻酱香醋汁：白芝麻酱10g、生抽5g、香醋5g、香油5g、温水10g、红糖少许、盐少许、

熟白芝麻适量。

意式油醋汁：意式黑醋10g、橄榄油10g、纯净水10g、蜂蜜5g、盐和黑胡椒粉少许。

Method

❶ 加热平底锅，鸡胸和培根煎至两面金黄，洋葱煎至变色（也可生吃）。

❷ 所有食材切块或切丝，摆盘，淋上酱汁，开吃！

吃出一道彩虹。

沙拉也能吃出满足感，

来复刻一道一家经典的西式轻食连锁餐厅经典的香煎三文鱼牛油果沙拉。

香煎三文鱼牛油果沙拉

Ingredients

三文鱼100g、牛油果半个、烤南瓜50g、熟藜麦50g、羽衣甘蓝30g、鹰嘴豆20g、其他坚果、果干适量。

蜂蜜芥末酱：橄榄油10g、第戎芥末酱8g、柠檬汁2g、蜂蜜10g、盐和黑胡椒粉（因为其他食材已经放了，酱汁可以少放或不放）。

Method

❶ 南瓜切小块，加橄榄油、盐、黑胡椒粉简单调味，送进烤箱，200度，20分钟。

❷ 50g藜麦+300mL水，水开放入藜麦中小火煮15分钟，然后等水分收干捞出，这样煮过的藜麦口感弹牙，有嚼劲。

❸ 羽衣甘蓝撕成小块，放一点橄榄油和盐，用力揉捏变软。

❹ 牛油果切小块，加点柠檬汁防止氧化，用盐和黑胡椒粉简单调味。

❺ 三文鱼擦干水分，用盐和黑胡椒粉调味，淋点橄榄油，均匀涂抹。热锅热油，鱼皮面先下锅，煎两分钟，每个面各煎一分钟。

❻ 组装好沙拉，再淋上蜂蜜芥末酱即可。

香煎金枪鱼沙拉

Ingredients

（2人份）

金枪鱼1块（约200g）、日式溏心蛋2枚、苦苣、紫生菜、小番茄、红腰豆、蓝莓、藜麦适量、坚果、果干1小把、黑、白芝麻适量、奇亚籽和香橙干（装饰用）。

蜂蜜芥末酱：橄榄油10g、第戎芥末酱8g、柠檬汁2g、蜂蜜10g、盐和黑胡椒粉少许。

Method

❶ 蔬菜撕碎，加番茄、藜麦、油醋汁拌匀。

❷ 用厨房纸吸干金枪鱼表面的多余水分，抹上第戎芥末酱，用黑芝麻裹均匀，中小火慢煎，每面煎约1分钟，沥干油，切块。

❸ 金枪鱼装盘，搭配时蔬、水果、坚果、溏心蛋，鱼上再淋点蜂蜜芥末酱，撒点奇亚籽，放上香橙片装饰即可。

简单酱料一抹，
无油煎几分钟就搞定，
外香里嫩，口感清爽不油腻，
搭配果蔬、溏心蛋，颜值在线！

Chapter 6

创意饮品

花式燕麦粥

Oatmeal

Ingredients

（1人份）

钢切燕麦30g、牛奶250mL、水50mL、椰子油少许。

Method

❶ 在煮锅里倒入少许椰子油，把燕麦炒香。

❷ 在煮锅里倒入清水，煮开后倒入牛奶和燕麦，煮沸后关火，过程中不断搅拌。

❸ 提前用开水烫一下焖烧杯，然后倒入煮好的牛奶燕麦片，盖上盖子，焖一晚即可。

钢切燕麦

全谷物燕麦粒，是通过把燕麦切成小块制成，不是通过碾压制成的燕麦片。相较于碾压制成的燕麦片或者速溶燕麦，钢切燕麦的营养更为丰富，GI值更低，煮熟也需要更长的时间，但是它吃起来很有嚼劲、口感也非常好，所以多花时间也是值得的。

牛奶燕麦粥做好了，就可以开始进行各种组合创意啦！

介绍一些常用食材：

增加甜味——蜂蜜/枫糖/红糖/椰子花糖/巧克力酱/果酱甜味杂粮（红薯、紫薯、南瓜等）；

丰富口感，增加营养——水果/果干/坚果/坚果酱/烤谷物片/奇亚籽/蛋白粉/肉桂粉/阿胶粉/螺旋藻粉/椰奶；

增加色彩——红/粉（红心火龙果/红曲粉/草莓粉）、橙/黄（南瓜/红薯/胡萝卜粉）、绿（牛油果/菠菜汁/抹茶粉）、紫（紫薯/蓝莓酱）、棕（花生粉/可可粉）、黑（黑芝麻粉/竹炭粉）。

*GI值是指血糖生成指数（Glycemic Index），它反映了不同食物对血糖水平的影响程度，GI值越高，食物越能迅速提高血糖水平。

倾城

草莓、树莓、奇亚籽、瓜子仁、牛奶燕麦粥。

墨嫣

芒果、干桂花、烤燕麦片、黑芝麻燕麦粥。

流年

芒果、蓝莓、树莓、干桂花、奇亚籽、牛奶燕麦粥。

芳华

草莓、红枣干、奇亚籽、瓜子仁、牛油果燕麦粥。

旖旎

香蕉、树莓、烤燕麦片、奇亚籽、紫薯燕麦粥。

火龙果思慕雪

火龙果带来丰富营养及漂亮的颜色，与冻香蕉被公认为是最佳搭档。

Ingredients

基底：红心火龙果、冻香蕉、牛奶。

装饰：红/白心火龙果、冻蓝莓、烤燕麦脆、奇亚籽、薄荷叶。

Method

❶ 在料理机中加入红心火龙果、冻香蕉、牛奶，打成泥。

❷ 用球形勺子挖出火龙果做Topping，撒上蓝莓、烤燕麦脆、奇亚籽、薄荷叶即可。

Tips

红心火龙果上色力很强，所以只需要放一点点即可。

芒果思慕雪

Ingredients

基底：冻芒果、冻香蕉、无糖酸奶。

装饰：芒果花、香蕉片、黑莓、蓝莓、烤燕麦脆、奇亚籽、鲜花。

Method

❶ 用料理机将冻芒果、冻香蕉、牛奶打成泥。

❷ 芒果切片做成花，加其他食材做Topping即可。

无花果燕麦思慕雪

Ingredients

基底：煮燕麦米、南瓜、冻香蕉、牛奶。

装饰：无花果、烤燕麦片、巧克力棒。

Method

❶ 燕麦浸泡过夜，加水煮成熟燕麦米，燕麦（泡水前）与水的比例为1：3。

❷ 南瓜蒸熟，加冻香蕉、牛奶打成泥。

❸ 在杯中先贴着杯壁放入切片的无花果，再依次放入煮燕麦米、南瓜泥、烤燕麦片，最后用无花果和巧克力棒点缀即可。

紫薯黑莓思慕[illegible]

Ingredients

基底：紫薯、冻香蕉、牛[illegible]

装饰：黑莓、蓝莓、烤[illegible]

Method

❶ 奇亚籽和牛奶按1：3的比例混合，放置冰箱中冷藏过夜。

❷ 紫薯去皮切块蒸熟，加入牛奶压成泥；取部分紫薯泥加冻香蕉、牛奶搅拌成泥，加入适量泡好的奇亚籽，混合均匀；无糖酸奶加泡好的奇亚籽，混合均匀。

❸ 在杯中依次倒入紫薯泥、紫薯香蕉泥和酸奶泥，最后点缀Topping即可。

神仙甘露

Sago Soup

瓜甜椰香，清爽解暑，
这个夏天一定不要错过！

红颜粉黛

Ingredients

（2人份）

西瓜300g、厚椰乳100mL、西瓜奶昔（西瓜150g+牛奶50mL）、西米适量、千叶吊兰（装饰用）。

Method

1. 沸水中倒入西米，中火煮15分钟（中途适当搅拌，煮至西米中间还有一些小白点），再关火焖10分钟至透明，过凉水备用。
2. 西瓜切小块，去籽，一半打奶昔，一半备用。
3. 依次放入西瓜、西米、厚椰乳、西瓜奶昔、西瓜，再加点千叶吊兰点缀即可。

Tips

煮西米去白心的要领是水一定要加够（100g西米加1200mL的水）；沸水中加入西米；过凉水（口感Q弹）；剩余部分放入纯净水中冷藏储存。

杨枝甘露

Ingredients

（2人份）西柚1个、芒果1个、厚椰乳100mL、芒果奶昔（芒果150g+牛奶100mL）、西米适量、薄荷叶（装饰用）。

Method

❶ 煮西米。

❷ 西柚去皮去膜撕成小块，芒果切丁，一半打奶昔，一半备用。

❸ 依次放入芒果、西柚、西米、厚椰乳、芒果奶昔，再加点薄荷叶点缀即可。

紫气东来

Ingredients

（2人份）

紫薯泥100g、厚椰乳60mL、紫薯奶昔（紫薯100g+牛奶120mL）、西米适量、蓝莓、薄荷叶（装饰用）。

Method

❶ 煮西米。

❷ 200g紫薯蒸熟压成泥，一半加入适量椰奶搅拌均匀；一半加入牛奶打奶昔。

❸ 依次放入紫薯泥、西米、厚椰乳、紫薯奶昔，再加点薄荷叶点缀即可。

甜糯的紫薯，
搭配Q弹西米和香浓椰浆，
实在太好喝了！

绿野仙踪

Ingredients

绿豆沙60g、牛奶100mL、绿豆奶昔300mL、西米、冰块适量、千叶吊兰（装饰用）。

Method

1. 200g绿豆加100mL热水浸泡半小时，放入冰箱冷冻一夜，取出绿豆、冰块放入砂锅，加500mL纯净水，煮沸后加入20g冰糖，转小火煮30分钟，收至水干，绿豆沙就熬好啦！（煮好后的绿豆沙约660g，可做6~8杯饮品）。
2. 煮西米。
3. 150g绿豆沙+150mL牛奶+10g炼乳+2g抹茶粉，打成奶昔。
4. 依次放入绿豆泥、西米、牛奶、绿豆奶昔、冰块、牛奶、绿豆奶昔、绿豆，再加点千叶吊兰点缀即可。

Tips

提前冷冻绿豆，可以更快煮好翻沙。

缤纷汤羹

Soup

丝滑香浓，满口留香。

春意豌豆浓汤

Ingredients

（2人份）

豌豆100g、西蓝花50g、土豆50g、白洋葱50g、高汤或清水300mL、黄油10g、淡奶油适量、盐和黑胡椒粉少许、鲜虾和面包（蘸食）。

Method

❶ 烧开一锅水，加少许盐，放入豌豆、西蓝花，汆烫30秒，捞出过冷水；土豆、白洋葱切成小块；鲜虾去壳、去虾线、留虾尾。

❷ 热锅放橄榄油，放入洋葱、土豆，小火翻炒不上色，加入黄油增加香味，放入西蓝花、豌豆，翻炒片刻。

❸ 加入高汤或清水，小火煮3分钟。

❹ 放入料理机打至细腻、顺滑再倒回锅中，煮开后加盐调味，可以再加适量淡奶油增加香味。

❺ 鲜虾煎至两面变色，加入盐和黑胡椒粉调味；面包片烤或煎至香脆。

❻ 把豌豆浓汤装盘，用淡奶油拉个花，再用虾和面包蘸食即可。

甘甜软糯的红薯与香醇浓郁的南瓜融合在一起，

绵密清甜，柔滑顺口。

红薯南瓜浓汤

Ingredients

南瓜200g、红薯120g、原味腰果60g、水500mL。

Method

❶ 南瓜和红薯洗净去皮，切小块备用。

❷ 将南瓜块、红薯块、腰果和水一同放入破壁机中，选择浓汤模式。

❸ 盛出装盘，淋上淡奶油，用牙签画心形装饰。

“甜蜜蜜，糯唧唧，萌萌哒”

糯米丸子
也可以做成其他形状哦！

小海豹糯米丸子红豆沙

Ingredients

红豆200g、清水1200mL、冰糖20g。

糯米丸子：糯米粉50g、清水40g、糖5g。

Method

❶ 用开水浸泡红豆4小时以上。

❷ 将泡好的红豆倒入锅中，加入清水、冰糖，大火煮沸后转小火煮50分钟左右（红豆变软即可）。

❸ 取1/3红豆沙用料理机打成泥，再倒回锅中搅拌均匀，再煮5分钟。

❹ 糯米粉加水调好，揉成面团，捏成海豹的样子，开水下锅，煮至飘起捞出，用黑芝麻/黑芝麻酱画上海豹表情即可。

雪梨马蹄银耳羹

Ingredients

银耳50g、雪梨100g、马蹄50g、冰糖10g、干桂花适量。

Method

❶ 泡发好的银耳撕成小块，加1勺淀粉揉洗干净，雪梨和马蹄切成小丁。

❷ 取一锅倒入所有食材，大火煮5分钟，再转小火煮15~20分钟。

❸ 最后点缀上干桂花即可。

Tips

银耳出胶小秘诀:

❶ 用温水泡发。

❷ 用手撕的银耳，断面不规则，比剪的更容易出胶。

❸ 煮的时候大火煮5分钟，再转小火煮15~20分钟，直到银耳汤拉丝不断线即可。

多彩豆浆

Soybean Milk

南瓜燕麦豆浆

补中益气

黄豆……………………………50g

去皮南瓜………………………150g

燕麦片…………………………20g

水……………………………1000mL

紫薯银耳豆浆

排毒养颜

黄豆……………………………50g

紫薯……………………………50g

泡发银耳………………………30g

腰果……………………………10g

冰糖……………………………10g

水……………………………1000mL

绿豆薏米豆浆

祛湿排毒

黄豆……………………………40g

绿豆……………………………30g

薏仁……………………………15g

莲子……………………………15g

冰糖……………………………10g

水……………………………1000mL

红豆补血豆浆

气血双补

- 红豆……30g
- 黑米……20g
- 红枣……6颗
- 花生……20g
- 水……1000mL

山药百合豆浆

益肺补肾

- 黄豆……50g
- 山药……40g
- 干百合……10g
- 冰糖……10g
- 水……1000mL

黑芝麻核桃豆浆

乌发补肾，益智补脑

- 黑豆……50g
- 黑米……10g
- 黑芝麻……10g
- 核桃……10g
- 冰糖……10g
- 水……1000mL

缤纷果蔬汁 Colorful Fruit and Vegetable Juice

木瓜枸杞胡萝卜汁

木瓜120g+胡萝卜50g+枸杞5g+蜂蜜5g+水180mL

木瓜含有丰富的木瓜酶、蛋白质、维生素、矿物质，搭配胡萝卜和枸杞，不仅促进脾胃消化，还能养颜明目，增强免疫力。

胡萝卜番茄苹果汁

胡萝卜50g+番茄50g+苹果100g+水150mL

胡萝卜富含的胡萝卜素，番茄富含的番茄红素，都是对人体有益的优质营养成分；香甜的苹果可以很好地调节饮品口感。

芒果菠萝黄瓜汁

芒果80g+菠萝80g+黄瓜60g+水120mL

芒果含有丰富的胡萝卜素、钾，对预防动脉硬化和高血压有一定的食疗作用；菠萝不仅滋养肌肤，富含的菠萝蛋白酶还可以促进肠胃蠕动。

猕猴桃黄瓜雪梨汁

猕猴桃100g+黄瓜50g+雪梨50g+水150mL

猕猴桃酸甜可口，富含维生素C，搭配甘甜多汁的雪梨和清爽的黄瓜，口感清新宜人。

番茄雪梨柳橙汁

番茄50g+雪梨100g+柳橙100g+水100mL

番茄富含番茄红素，可以延缓衰老、抗氧化，柳橙理气化痰、消食开胃，二者搭配后可以获得更好的果蔬汁口感。

百香芒果雪梨汁

芒果80g+雪梨100g+百香果1个+水150mL

百香果含有丰富的维生素、膳食纤维和蛋白质，口感和香味都属上佳；雪梨可以清肺润燥。这是一款很适合夏天饮用的果汁。

羽衣甘蓝牛油果汁

牛油果70g+香蕉70g+羽衣甘蓝10g+椰子水200mL

羽衣甘蓝富含维生素C、膳食纤维；牛油果含多种维生素、脂肪酸、蛋白质和矿物质，有“森林奶油”的美誉；配上清爽的椰子水，甜而不腻！

苹果黄瓜菠菜汁

苹果60g+黄瓜60g+菠菜叶30g+椰子水200mL

这是一款清新爽口的绿色饮品：菠菜富含铁和维生素，能促进新陈代谢、助力减脂；苹果和椰汁则可提供天然的甘甜。

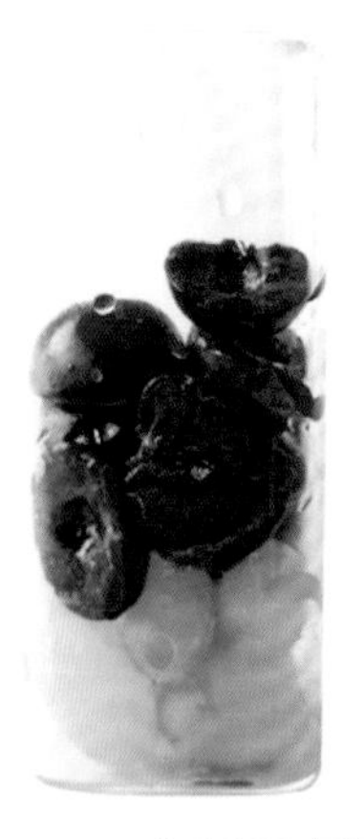

车厘子青提石榴汁

车厘子100g+青提50g+石榴汁100m L +水100m L

车厘子与石榴都有美容养颜、抗衰老的功效；青提滋养肺气——这三种不同风格的甜，能调和出意想不到的美味。

番茄香橙西瓜汁

番茄50g+橙子50g+西瓜100g+水150mL

番茄、橙子富含维生素C；西瓜解暑生津、利尿消肿。它们搭配在一起酸甜可口，这是一款非常适合夏天饮用的饮品。

紫甘蓝莓果汁

紫甘蓝30g+蓝莓50g+桑葚50g+椰子水220mL

紫甘蓝富含膳食纤维，和蓝莓、桑葚都含有丰富的花青素，配上香甜的椰子水，便是一杯完美的天然抗氧化饮品。

蓝莓香蕉火龙果汁

蓝莓30g+香蕉70g+火龙果100g+水150mL

火龙果具有抗氧化，增强免疫力，润滑肠道的功效，配上营养丰富的香蕉和蓝莓，便是一杯颜值、口感双一流的饮品。

莓果养乐多

草莓100g+树莓80g+蓝莓20g+养乐多200mL

莓果对女性特别有益，美白养颜、抗炎抗衰；养乐多酸甜可口。它们搭配在一起不仅美味，颜值也高。

蜜桃西瓜养乐多

水蜜桃80g+西瓜80g+荔枝3颗+养乐多150mL

水蜜桃富含蛋白质（相比其他水果）、维生素和可溶膳食纤维，润肠通便；西瓜解暑生津；荔枝养心安。三者的香甜再配上养乐多，便是一款口感相当独特的饮品。

火龙果牛油果香蕉奶

火龙果30g+牛油果60g+香蕉60g+牛奶200mL

蛋白质、维生素、矿物质、优质脂肪……齐了！颜色漂亮，营养全面，口感也绝对惊艳。

蓝莓香蕉奶

蓝莓50g+香蕉100g+酸奶100ml+牛奶100mL

这款饮品富含花青素、蛋白质和维生素，酸甜可口，奶香浓郁，色彩也非常浪漫。

Tips

❶ 上图中的容器容量为350mL，果蔬与液体的比例在1:1左右，可以根据水果含水量增减液体。

❷ 羽衣甘蓝/菠菜先焯水沥干，去除草酸，再制作果蔬汁。

❸ 本身味道偏酸或寡淡的果蔬，可将水换成椰汁水/养乐多/酸奶/牛奶，不仅营养丰富，还能提升口感。

❹ 果蔬汁要现榨现饮，不宜久放。

后记

人生中的第一本书，献给我的乖爸爸，你陪我渐渐长大，我陪你慢慢变老，谢谢你与我共度的四十个春秋冬夏，愿你在天上自由呼吸，尽情玩耍，牙好胃口好，吃嘛嘛香。